铸造工人学技术必读丛书

特种铸造

中国铸造协会◎组织编写

姜不居◎编著

化学工业出版社

·北京·

本书是《铸造工人学技术必读丛书》之一。书中主要介绍了四种特种铸造生产技术：熔模铸造从制模到热处理各工序工艺、操作要点及铸件缺陷分析；消失模铸造制模、上涂料、造型、浇注各工序工艺、操作要点及特有缺陷分析；压铸合金、压铸机、压铸模、压铸工艺、压铸工操作要点及铸件缺陷分析；离心铸造机、离心铸型、各种典型件工艺要点。

本书可作为铸造技术人员、工人培训和自学用书，也可作为职业院校铸造相关专业的教材。

图书在版编目（CIP）数据

特种铸造/姜不居编著．—北京：化学工业出版社，2010.4

（铸造工人学技术必读丛书）

ISBN 978-7-122-07794-3

Ⅰ.特… Ⅱ.姜… Ⅲ.铸造-技术 Ⅳ.TG249

中国版本图书馆 CIP 数据核字（2010）第 027743 号

责任编辑：刘丽宏　　文字编辑：孙思晨

责任校对：蒋　宁　　装帧设计：刘丽华

出版发行：化学工业出版社（北京市东城区青年湖南街 13 号　邮政编码 100011）

印　　装：北京市彩桥印刷有限责任公司

850mm×1168mm　1/32　印张 6¾　字数 175 千字

2010 年 5 月北京第 1 版第 1 次印刷

购书咨询：010-64518888（传真：010-64519686）

售后服务：010-64518899

网　　址：http://www.cip.com.cn

凡购买本书，如有缺损质量问题，本社销售中心负责调换。

定　　价：**25.00 元**

《铸造工人学技术必读丛书》编委会

序

铸造是制造业的基础，也是国民经济的基础产业，各行各业都离不开铸件。近年来，随着国民经济的高速发展，我国铸造业也迅猛发展，各类铸件的产量持续增长，截止到2008年底铸件总产量已连续9年稳居世界首位。众所周知，我国是一个铸造大国，但远不是一个铸造强国，与当前各工业发达国家相比，我国铸造业在工艺技术水平、生产管理水平、装备水平、产品技术含量（附加值）、平均生产规模、铸件生产效率、各项经济指标、设备利用率、能耗、环境治理和从业人员培训等方面仍存在较大差距。有鉴于此，中国铸造协会特组织编写行业系列图书，旨在提高从业人员素质，致力于中国铸造业的发展与振兴。

高效传播实用知识和技能是中国铸造协会的重要职责。《铸造工人学技术必读丛书》（以下简称《丛书》）就是为了满足广大铸造从业人员的需求，特别是生产一线工人和初学者的强烈要求而编辑出版的，希望能够得到读者的厚爱。《丛书》共分6册：

《铸铁及其熔炼技术》　芮争家　编著
《铸钢及其熔炼技术》　胡汉起　编著
《铸造有色合金及其熔炼技术》　李双寿　唐靖林　编著
《造型材料及砂处理》　蔡震升　编著
《造型制芯及工艺基础》　林家骝　编著
《特种铸造》　姜不居　编著

《丛书》从基础写起，内容简明、通俗易懂，紧密联系生产应用实际，力求使读者通过学习，短期内迅速掌握铸造的基本知识和应用技能，从而达到快速上岗和熟练操作的目的。

《丛书》既可作为工人培训用书和自学教材，也可作为职业院校等学校铸造专业的教材。

《丛书》中各分册由主编统稿，由黄惠松、胡汉起、曾大本、蔡震升、姜不居、吕志刚等专家进行了主审。

《丛书》的编写得到了有关专家的大力支持和帮助，在此一并感谢！

中国铸造协会执行副理事长兼秘书长

前　言

本书是《铸造工人学技术必读丛书》之一。

众所周知，特种铸造生产技术有别于传统砂型铸造，特种铸造的方法多种多样，而本书所介绍的重点是四种在工业生产中得到广泛应用、发展迅速、铸造产品精密且质量好、均属先进金属零件成型工艺技术的特种铸造方法，即熔模铸造、消失模铸造、压力铸造和离心铸造。

本书针对我国铸造工人学习技术之需，全面系统而又简明扼要地讲述了特种铸造生产技术及方法。书中内容密切结合我国工业生产现状，紧扣铸造工人应掌握的最基本的特种铸造生产技能和生产知识，同时注意反映本专业的新进步、新技术和新知识，图文并茂、通俗易懂。编者希望并确信，学习本书，将有助于生产第一线的工人及有关人员较快地掌握有关特种铸造方法的工艺知识和实际操作技能。

本书可作为技术人员、工人培训和自学用书，也可作为职业院校铸造相关专业的教材。

全书由姜不居编著，吕志刚主审。编写过程中曾参考了周泽衡、梁光泽、耿鑫明、张伯明等人所写的资料，在此表示感谢！

限于编者水平，时间仓促，书中不当之处难免，恳请读者批评指正。

编著者

目　录

第1章　绪论

第2章　熔模铸造技术

第3章 消失模铸造技术

第 4 章 压力铸造技术

第5章 离心铸造技术

参考文献

第1章 绪　论

1.1 特种铸造

1.1.1 概述

铸造是将金属液浇入（一定形状）铸型中，使之成型、凝固，而获得（一定形状）金属零件的一种成型方法。铸型的材料不同、制作工艺不同、浇注和冷却凝固条件不同，从而形成各种铸造方法。应用最普遍的是以型（芯）砂制备铸型，采用重力浇注的砂型铸造方法。

随着科学技术的发展，要求铸件更精、更薄、更强，从而出现了多种铸造方法。特种铸造是指砂型铸造外的各种铸造方法。常用的特种铸造方法有熔模铸造、石膏型铸造、陶瓷型铸造、消失模铸造、金属型铸造、压力铸造、低压铸造、差压铸造、真空铸造、挤压铸造、离心铸造、连续铸造、V法铸造和20世纪末出现的与高科技结合的快速铸造等。

特种铸造方法已得到日益广泛的应用，特种铸件的产值也从20世纪80年代占铸件总产值的10％～20％，发展到今天的20％～30％。

1.1.2 对铸件的新要求

随着制造业发展和环保要求越来越高，对铸件日益提出了新的要求，简单归纳为：更轻、更薄、更强、更精密。例如汽车重量减轻10%，燃烧效率可提高7%，污染可减少10%。为此汽车中钢铁材料用量在大幅度减少，铝及镁合金用量在显著增加。而铝镁合金汽车零件的主要生产方法压力铸造也将随之发展。又如航空工业发展要求大幅度提高发动机性能，提高发动机推力、减少燃料消耗，发动机涡轮叶片结构从实心发展为空心，因而熔模铸造应用增加，技术也在不断提高。

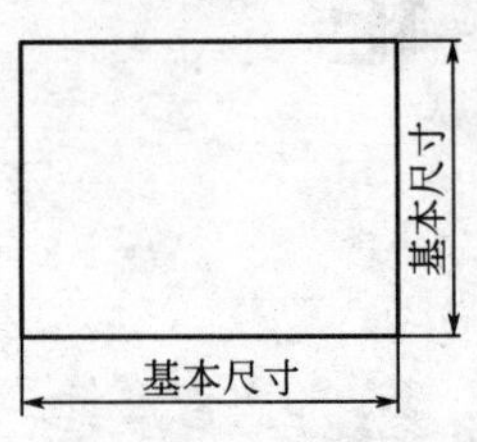

图1-1 铸件基本尺寸

(1) 铸件的精度（尺寸公差） 生产的一批铸件其每个基本尺寸（见图1-1）的变化范围可以用铸件尺寸公差来表示，公差越小则铸件越精。铸件尺寸公差值共分为16级，见表1-1，从CT1～CT16。从表1-1可看出，CT1时铸件公差最小、最精确，CT16铸件尺寸公差最大，即尺寸变化最大，也就最不精确。生产的铸件其公差大小与生产批量、合金种类和生产的铸造方法有关，见表1-2、表1-3。

表1-1 铸件尺寸公差

铸件基本尺寸/mm		公差等级CT[1]															
大于	至	1	2	3	4	5	6	7	8	9	10	11	12	13[2]	14[2]	15[2]	16[2][3]
—	10	0.09	0.13	0.18	0.26	0.36	0.52	0.74	1.0	1.5	2.0	2.8	4.2				
10	16	0.1	0.14	0.20	0.28	0.38	0.54	0.78	1.1	1.6	2.2	3.0	4.4				
16	25	0.11	0.15	0.22	0.30	0.42	0.58	0.82	1.2	1.7	2.4	3.2	4.6	6.0	8.0	10.0	12.0
25	40	0.12	0.17	0.24	0.32	0.46	0.64	0.90	1.3	1.8	2.6	3.6	5.0	7.0	9.0	11.0	14.0
40	63	0.13	0.18	0.26	0.36	0.50	0.70	1.0	1.4	2.0	2.8	4.0	5.6	8.0	10.0	12.0	16.0
63	100	0.14	0.20	0.28	0.40	0.56	0.78	1.1	1.6	2.2	3.2	4.4	6.0	9.0	11.0	14.0	18.0
100	160	0.15	0.22	0.30	0.44	0.62	0.88	1.2	1.8	2.5	3.6	5.0	7.0	10.0	12.0	16.0	20.0
160	250	—	—	0.34	0.50	0.70	1.0	1.4	2.0	2.8	4.0	5.6	8.0	11.0	14.0	18.0	22.0
250	400	—	—	0.40	0.56	0.78	1.1	1.6	2.2	3.2	4.4	6.2	9.0	12.0	15.0	20.0	25.0
400	630	—	—	—	0.64	0.90	1.2	1.8	2.6	3.6	5.0	7.0	10.0	14.0	18.0	22.0	28.0
630	1000	—	—	—	—	1.0	1.4	2.0	2.8	4.0	6.0	8.0	11.0	16.0	20.0	25.0	32.0

续表

铸件基本尺寸/mm		公差等级 CT①															
大于	至	1	2	3	4	5	6	7	8	9	10	11	12	13②	14②	15②	16②③
1000	1600	—	—	—	—	—	1.6	2.2	3.2	4.6	7.0	9.0	13.0	18.0	23.0	29.0	37.0
1600	2500	—	—	—	—	—	—	2.6	3.8	5.4	8.0	10.0	15.0	21.0	26.0	33.0	42.0
2500	4000	—	—	—	—	—	—	—	4.4	6.2	9.0	12.0	17.0	24.0	30.0	38.0	49.0
4000	6300	—	—	—	—	—	—	—	—	7.0	10.0	14.0	20.0	28.0	35.0	44.0	56.0
6300	10000	—	—	—	—	—	—	—	—	—	11.0	16.0	23.0	32.0	40.0	50.0	64.0

① CT1～CT15 中，对壁厚采用粗一级公差。

② 对于不超过 16mm 的尺寸，不采用 CT13～CT16 的一般公差，对于这些尺寸应注个别公差。

③ 等级 CT16 仅适用于一般公差规定为 CT15 的壁厚。

表 1-2 成批和大量生产铸件的尺寸公差等级 CT

工艺方法		铸钢	灰铸铁	球墨铸铁	可锻铸铁	铜合金	锌合金	轻金属合金	镍、钴基合金
砂型铸造手工造型		11～14	11～14	11～14	10～14	10～13	10～13	9～12	11～14
砂型机器造型、壳型		8～12	8～12	8～12	8～12	8～10	8～10	7～9	8～12
金属型、低压铸造			8～10	8～10	8～12	8～10	7～9	7～9	
压力铸造						6～8	4～6	4～7	
熔模铸造	水玻璃	7～9	7～9	7～9		5～8		5～8	7～9
	硅溶胶	4～6	4～6	4～6		4～6		4～6	4～6

表 1-3 小批和单件生产铸件的尺寸公差等级 CT

造型材料	铸钢	灰铸铁	球墨铸铁	可锻铸铁	铜合金	轻金属合金
干、湿砂型	13～15	13～15	13～15	13～15	13～15	11～13
自硬砂	12～14	11～13	11～13	11～13	10～12	10～12

从表 1-2、表 1-3 可以知道，特种铸造方法如金属型铸造、低压铸造、压力铸造、熔模铸造所生产的铸件比砂型铸件精度要高。

(2) 铸件表面粗糙度 指铸件表面高低不平的程度，我国通常用表面轮廓高低不同的算术平均偏差 R_a 作为评定参数。如图 1-2 所示，它是在取样长度 L 内，轮廓偏差绝对值的算术平均值，即

$$R_a \approx \frac{1}{n}\sum_{i=1}^{n}|Y_i| \tag{1-1}$$

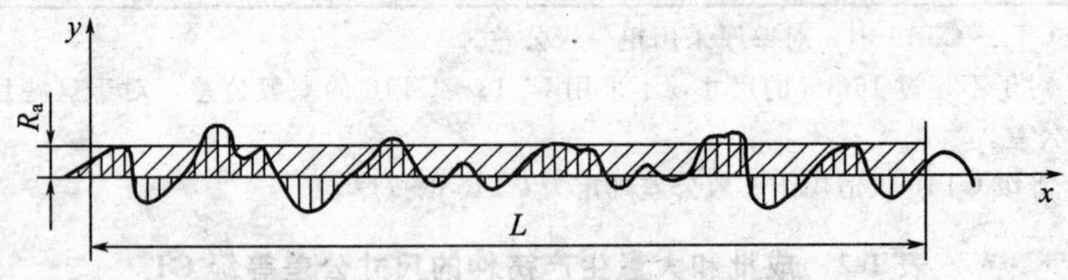

图 1-2 轮廓算术平均偏差（R_a）

同样，特种铸造方法所生产的铸件表面粗糙度也远低于砂型铸件，即特种铸造生产的铸件表面更光洁。

1.1.3 特种铸造特点

特种铸造的主要优点为：

① 铸件尺寸精确、表面粗糙度低，铸件更接近于零件的最后尺寸，从而减少机加工或不需机加工；

② 铸件内部质量好，力学性能高，从而可减薄铸件壁厚；

③ 降低金属消耗量和铸件废品率；

④ 简化铸造生产工序（除熔模铸造外），便于实现生产过程的机械化、自动化；

⑤ 改善劳动条件，提高生产效率。可以说一些特种铸造方法：熔模铸造、消失模铸造、压力铸造、离心铸造等都是铸造中的先进工艺。

但每种铸造方法也都存在着一些缺点和局限性，它们各自应用

在一定的范围中。

1.2 主要特种铸造方法及比较

1.2.1 主要特种铸造方法简介

(1) 熔模铸造 又称熔模精密铸造，是一种先进的近净形成型工艺。它是用可熔（溶）性一次模型和型芯使铸件成型的铸造方法，其工艺流程见图 1-3。熔模铸造可以生产各种合金的精密、复杂铸件，铸件接近于零件最后形状、尺寸，可不经加工直接使用或经很少加工后使用。适于生产中小精密复杂铸件，各种生产批量。

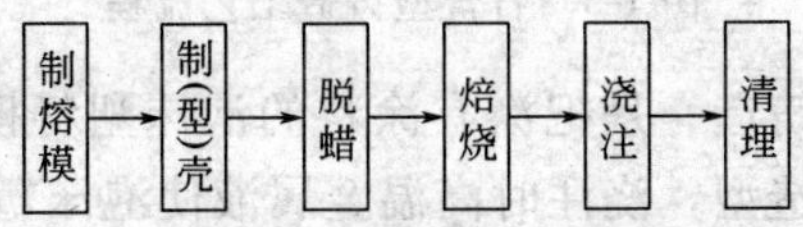

图 1-3 熔模铸造工艺流程

(2) 陶瓷型铸造 又称陶瓷型精密铸造，它是利用陶瓷浆料灌注成铸型型腔表面的一种铸造方法，所生产铸件尺寸精度优于砂型铸件，其工艺流程见图 1-4。陶瓷型铸造主要用来生产各种合金较精密铸件、模具工装。适合于单件、小批生产。

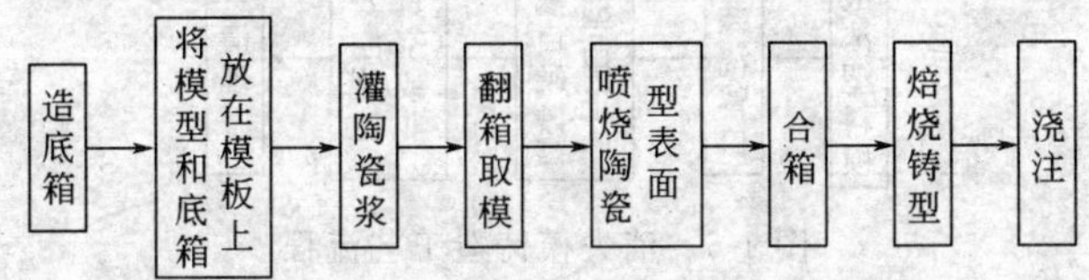

图 1-4 陶瓷型铸造工艺流程

(3) 石膏型铸造 是使用石膏浆料灌注成铸型，生产铸件的铸造方法。模型可用木模、金属模或熔（蜡）模。前者模型需造型后取出；后者造型后不必取出模型，可生产更精密的铸件，又称石膏型精密铸造，其工艺流程见图 1-5。石膏型铸造可生产铝合金为主的精密、复杂铸件，特别适宜生产中大型复杂薄壁铝合金铸件，适合于各种生产批量。

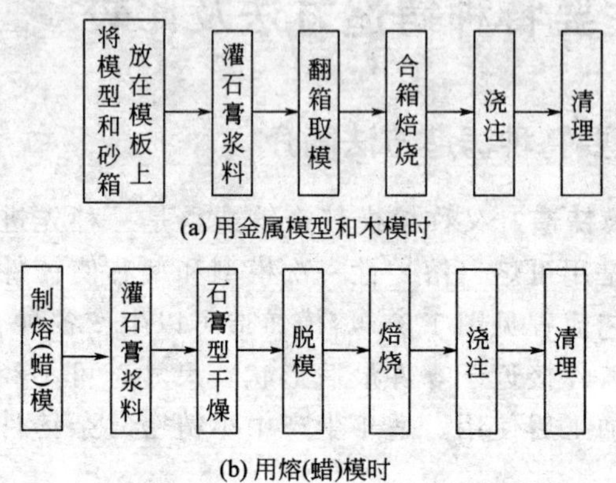

图 1-5 石膏型铸造工艺流程

(4) 消失模铸造 是把涂有涂料的泡沫塑料模型组放入砂箱，用干砂或自硬砂造型，浇注时高温金属液使泡沫塑料模型热解“消失”，并占据模型所退出的空间，而获得铸件的铸造方法。工艺流程见图 1-6。消失模铸造是一种近净形成型工艺，适于生产复杂的各种大小的较精密铸件，合金不限；适合于各种生产批量；生产过程污染少，是一种绿色铸造方法。

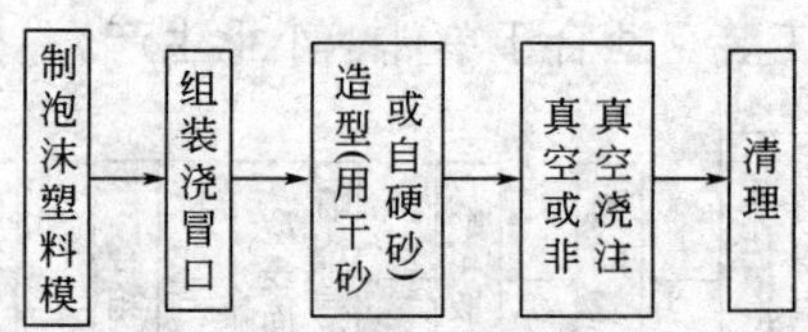

图 1-6 消失模铸造工艺流程

(5) 金属型铸造 指在重力作用下让金属液充填金属铸型而获得铸件的一种铸造方法。其工艺流程见图 1-7。由于金属型可浇注几百次至数万次，又称永久型铸造。该法生产的铸件尺寸精度比砂型铸造高，力学性能好。金属型铸造适用于生产形状不太

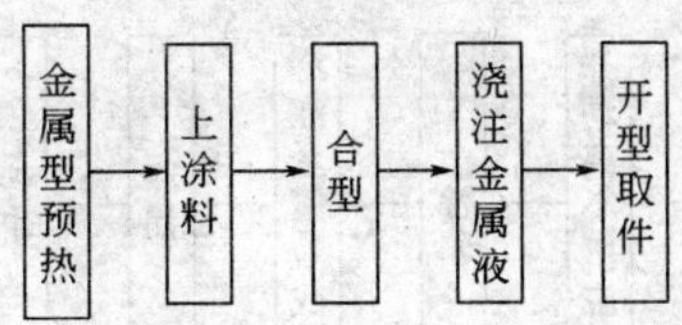

图 1-7 金属型工艺流程

复杂的中小型较精确的铸件，以铝镁合金为主，适合成批或大量生产。

(6) 压力铸造 是将液态或半液态金属在高压作用下，以极高的速度充填铸型的型腔，并在压力下快速凝固而获得铸件的一种铸造方法，工艺流程见图 1-8。它是一种近净形成型工艺。它适于生产中小复杂精密铸件，可生产各种合金件，以铝镁合金为主，适合于大批量生产。

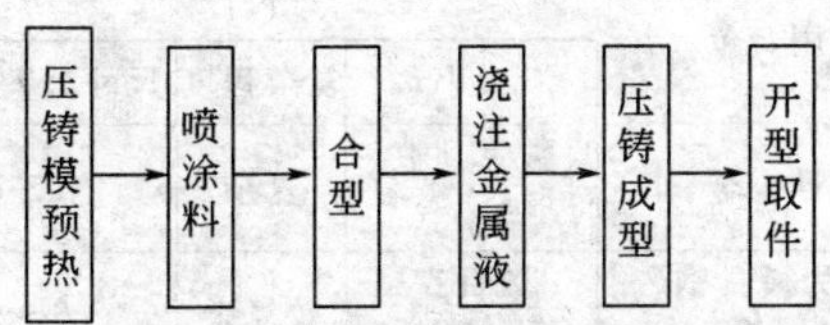

图 1-8 压力铸造工艺流程

(7) 低压铸造 是利用气体压力将金属液压入铸型，让铸件在一定压力下结晶凝固的铸造方法称低压铸造。该法主要用于较精密复杂的中大和小铸件中，以铝镁合金为主。适合于小、中、大批量。

(8) 挤压铸造 是对进入铸型型腔的液态或液-固态金属施加较高的压力使其成型和凝固，获得铸件的铸造方法，又称“液态模锻”。适于生产力学性能要求高、气密性好的厚壁小、中型铸件，中批或大批量生产。

(9) 离心铸造 是将金属液浇入旋转的铸型中，使之在离心力的作用下，完成铸件充填成型和凝固的铸造方法。其工艺流程见图 1-9。它主要用于生产形状对称或近似对称的铸件，合金不限，批量生产。

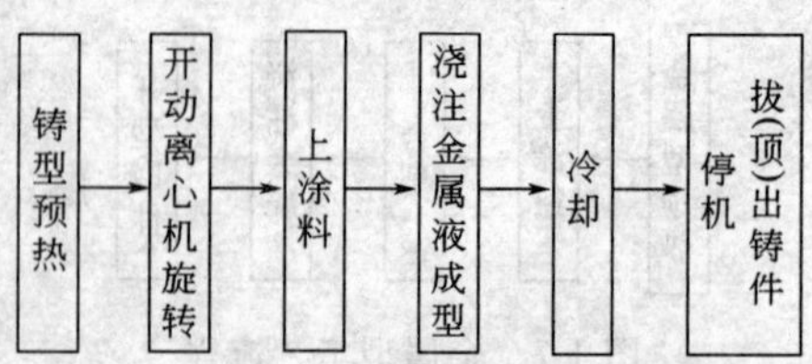

图 1-9　离心铸造工艺流程

(10) 连续铸造　是将金属液连续地浇入到水冷金属型（结晶器）中，又不断地从金属型的另一端拉出已凝固或具有一定结晶厚度铸件的铸造方法。该法适宜生产形状不变的长铸件，大量生产。

1.2.2 特种铸造方法比较（表 1-4）

表 1-4　特种铸造方法比较

铸造方法	适用合金	铸件			生产批量
		大小	复杂程度	尺寸公差 CT①	
熔模铸造	各种合金	数克到数百千克	复杂	4～7	各种批量
陶瓷型铸造	主要为模具钢、碳素钢、合金钢	数百克到数吨	较复杂	6～8	单件、小批
石膏型铸造	以铝、锌、铜合金、银为主	数克到数百千克	复杂	4～8	各种批量
消失模铸造	各种合金	数十克到数吨	复杂	6～9	各种批量
金属型铸造	各种合金以有色合金为主	数十克到几百千克	一般	6～9	成批、大量
压力铸造	有色合金	数十克到数十千克	较复杂	4～8	大量
低压铸造	各种合金以有色合金为主	数千克到数百千克	较复杂	6～9	小、中、大批
挤压铸造	各种合金以有色合金为主	几十克到160kg	简单	5	中、大批
离心铸造	各种合金	数克到数十吨	简单	—	小、中、大批
连续铸造	各种合金	—	简单	—	大批

① 表中 CT 等级与表 1-2 不完全相同，本表是现国内外给出的数据。

第 2 章　熔模铸造技术

2.1 概述

2.1.1 熔模铸造工艺及特点

熔模铸造又称失蜡铸造。它是用可熔（溶）材料制造熔模，再在熔模表面上涂料、撒砂、硬化、干燥、反复多次，制成型壳，熔出熔模，高温焙烧型壳，浇入金属液，获得铸件的铸造方法，如图 2-1 所示。

与其他铸造方法相比，使用的是一次性熔模，型壳是整体，型腔表面细致精密，热壳浇注，所以该法可生产形状复杂、尺寸精

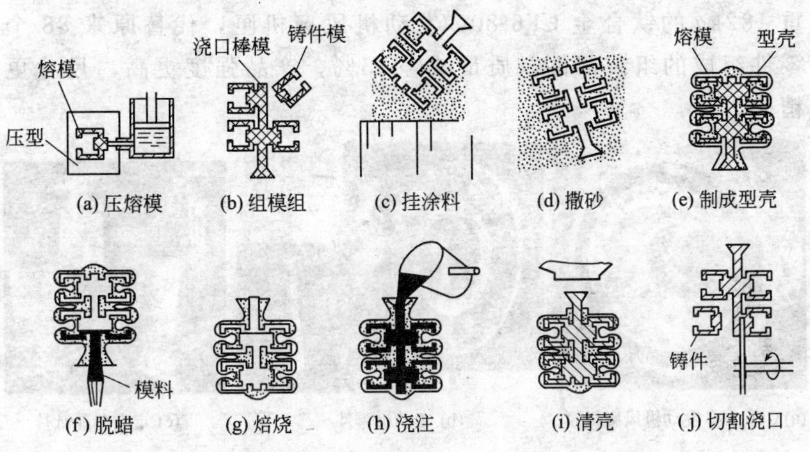

图 2-1　熔模铸造工艺过程示意图

确、表面光洁的各种金属材料的铸件。因为所生产的铸件精确，该法又称熔模精密铸造。

2.1.2　熔模铸造发展

熔模铸造技术起源于三千年前的西亚和中国，主要用于制造宫廷装饰或祭器。后用于制牙和珠宝首饰业中。20世纪30年代末熔模铸造被用于航空涡轮增压器生产中，并很快应用到其他工业领域。

半个多世纪中熔模铸造工业发展迅速。它是依靠技术发展和进步使产品更精密化、更大型化、复杂化和整体化，从而使熔模铸造有充沛的生命力，在新世纪仍被公认为金属零件生产的先进工艺。铸件更大、更精、更薄和更强是现代熔模铸造的特点。由于工艺发展和材料、设备的进步，熔模铸造不仅可生产小型精密铸件，也可生产较大型精密铸件，最大铸件轮廓尺寸达2.2m [见图2-2(b)]，最大铸件质量近1000kg，最小壁厚却不到2mm。铸件越来越精确，一般线性尺寸公差可达CT4～7级，特殊公差可达CT3级，同时还能达到较高的形位公差。可生产大型复杂整体件代替组装件，见图2-2(a)，其直径1.3m，重182kg的钛合金CF6-80C发动机风扇机匣，代替原来88个零件组成的组装部件，质量减轻55%，产品强度更高，尺寸更精确。

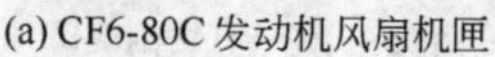

(a) CF6-80C发动机风扇机匣　　(b) 发动机零件　　(c) 定向单晶叶片

图2-2　航天航空用典型熔模铸件

2.1.3 应用

熔模铸造几乎已用于所有工业领域，主要分两类：一类用于航天及航空工业的高质量件，一类用于其他行业的件。图 2-2 为航天航空用典型件，图 2-3 为一般工业用件，图 2-4 是艺术品和首饰件。

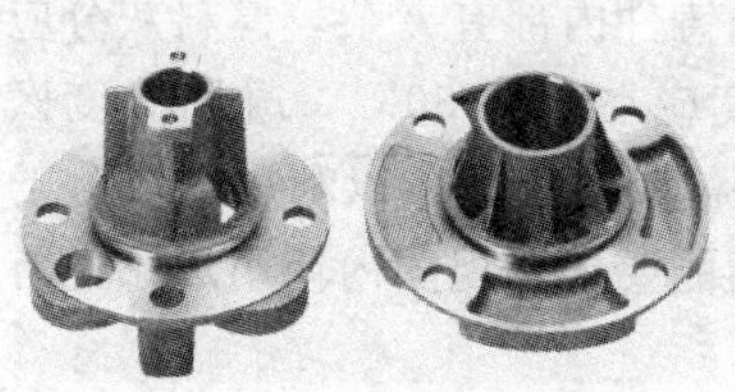

(a) 阀门

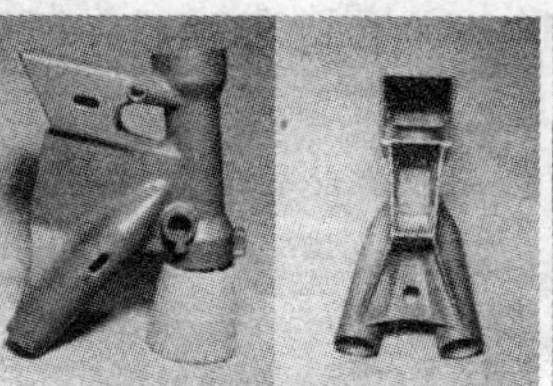

(b) 摩托车车架换向结构

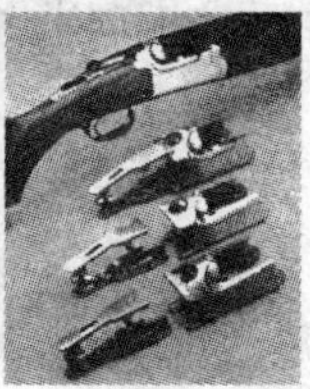

(c) 猎枪零件

图 2-3 一般工业用件

(a) 曾侯乙尊盘(战国时)

(b)“呵护”

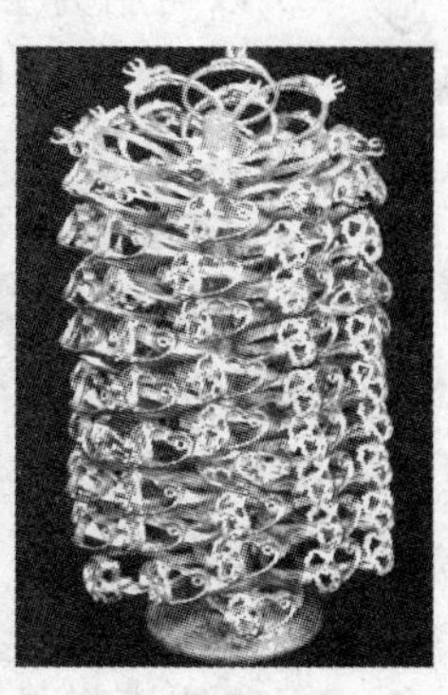

(c) 嵌宝“戒指树”

图 2-4 艺术品和首饰件

2.2 熔模制造

熔模俗称蜡模。熔模制造是熔模铸造生产中第一个环节，而优质熔模又是获得优质铸件的前提，因此应重视熔模制造及其质量。

影响熔模质量的因素有制模材料（模料）、压型及制模工艺三个方面。

2.2.1 模料种类及配制

(1) 模料种类 模料有多种性能要求，为保证铸件尺寸精确、表面光洁，不变形等要求模料有一定的强度、硬度、耐热性，以及要求模料收缩小、流动性好；为防止铸件内部有夹杂，模料灰分应小；为便于工艺操作，模料熔化温度应在 50～80℃，凝固温度区间以 5～10℃为宜。一般模料均由多种成分组成，以利用各成分的优点，克服缺点，来保证模料各种性能要求。现国内使用最广的有以下两类模料。

① 以矿物蜡或动植物蜡为主的蜡基模料，如石蜡硬脂酸模料，应用在生产质量要求不高的水玻璃型壳工厂中。

② 以树脂为主要成分的树脂基模料，用于生产质量要求较高和高的出口企业和航空航天企业中，与硅溶胶型壳或硅酸乙酯型壳配合使用。

(2) 石蜡硬脂酸模料 石蜡、硬脂酸两种材料组成的石蜡硬脂酸模料，由于其模料熔点低、配制容易、制模和脱模方便，加上回收处理简便、复用性好，寿命长，故应用广泛。

石蜡是石油加工的副产品。熔模铸造使用的为熔点 58～64℃的精制白石蜡。它呈中性，化学性能较稳定，通常条件下不与酸(除硝酸外)、碱发生作用，但在 140℃以上有明显的分解碳化现象。它能使模料具有一定的强度和塑性，不易开裂，但收缩较大，耐热性较低，熔模易变形。

硬脂酸是以动植物油脂为原材料，经加压蒸馏和水解后制得。熔模铸造使用的为三压一级硬脂酸。它属酸性，酸值达 198～210mgKOH/g，温度升高、酸性增强。硬脂酸化学性能不稳定，生产过程中容易与活泼金属及其氧化物、碱、盐等发生化学反应而皂化，从而使其性能恶化。同时硬脂酸在 120℃以上会分解碳化。它能使模料热稳定性好，即在较高温度下熔模不变形，并收缩较小，有利于改善模料的涂料性。

生产中常用石蜡硬脂酸模料配方和性能见表 2-1 序号 1。但由于其强度和稳定性较差，收缩较大，只用于生产低精度铸件。表 2-1 序号 2～6 是同类型的蜡基模料，但应用比石蜡硬脂酸少。

表 2-1 国内常用蜡基模料的成分和性能

序号	模料名称	成分(质量分数)/%							性能			
		石蜡	硬脂酸	褐煤蜡	地蜡	松香	低分子聚乙烯	EVA	滴点/℃	热稳定性/℃	线收缩率/%	抗弯强度/MPa
1	石蜡硬脂酸	50	50						50～54	31～35	0.8～1.0	2.5～3.5
2	石蜡低分子聚乙烯	95					5		66	34	1.04	3.3
3	35-85	85		5		5	5		69～78	40	0.7～1.2	4.5～6.2
4	F-01	70～90		2～10	2～15	3～20		0.5～4.0	71～76	36	0.6～0.7	5.0～6.0
5	2-3-95	95		2		3			62	32	0.82	4.7
6	石蜡 EVA	98.5						1.5	58	31	0.85	4.4

(3) 石蜡硬脂酸模料的配制 模料配方见表 2-2。生产中回收模料要反复使用，因而应用较多的是表 2-2 中 3、4 种配方，配方 5 用于粘制浇口棒。

表 2-2 石蜡硬脂酸模料配方（质量分数） 单位：%

名称 \ 序号	1	2	3	4	5
石蜡(新)	50	25	10	5	
硬脂酸(新)	50	25	10	5	5
回收模料		50	80	90	95

为使压制的熔模尺寸精确，生产效率高，石蜡硬脂酸模料常制成蜡膏，以备压制用。模料配制为：化蜡、刨蜡片、将液态蜡与蜡片搅拌成蜡膏、保温回性待用四个工序。各工序所用设备及工艺参

数见表 2-3。所配制的蜡膏应搅拌均匀呈糊状，其中不允许有颗粒状蜡料。稀蜡最好用 100 目筛过滤后使用，以去掉杂质。不允许蜡膏中混入空气和水分。定期应清理化蜡槽、盛蜡槽、搅拌桶等，定期测定蜡料的酸值，保持在 (105±5)mgKOH/g。

表 2-3 石蜡硬脂酸蜡膏配制工序及设备

工序	设备	主要工艺参数
化蜡	水浴化蜡炉[图 2-5(a)]	蜡温 70～90℃，严禁超过 90℃
刨蜡片	蜡片机[图 2-5(b)]	蜡锭截面尺寸 135mm×135mm
搅蜡膏	搅拌机[图 2-5(c)]	蜡液温度 65～80℃，保温缸水温 48～52℃，蜡液重：蜡片重＝1：1～2
回性保温	恒温箱	水温 48～50℃，保温 0.5h 以上

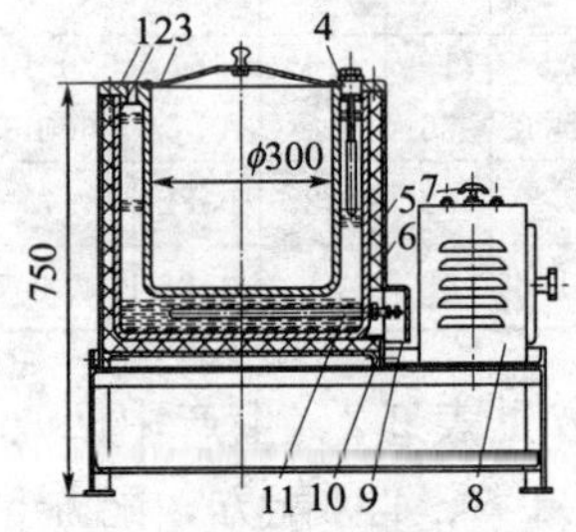

(a) 蜡料熔化保温炉结构图

(b) M255卧式蜡片机

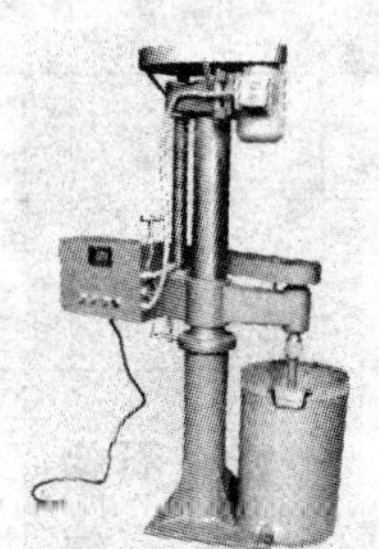
(c) M225A搅蜡机

图 2-5 石蜡硬脂酸制备设备

(4) 树脂基模料配制 生产高精密铸件需用强度高、收缩小、耐热性较好的树脂基模料。现大多数工厂采用的为商品树脂基模料，如 K512、KC2656L、KC401 等，购来时为块状或粒状。这类模料制成蜡膏的工序及设备见表 2-4。

表 2-4 树脂基模料蜡膏配制工序及设备

工序	设备	主要工艺参数
化蜡	油浴化蜡炉或蜡回收装置中最后静置桶	化蜡温度不大于 90℃

续表

工序	设备	主要工艺参数
蜡膏制备	保温箱和小蜡缸[图 2-6(a)]	恒温(视模料种类而定,52～60℃),保持 24h 以上
	供蜡机	恒温(视模料种类而定,52～60℃),慢速均匀搅拌
	射蜡输送设备[图 2-6(b)]	恒温(视模料种类而定,52～60℃),慢速均匀搅拌,压力泵(14MPa)送蜡膏

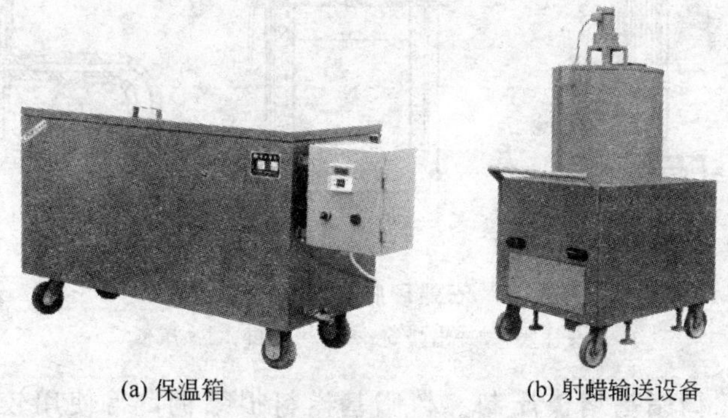
(a) 保温箱　(b) 射蜡输送设备

图 2-6　树脂基模料蜡膏配制设备

2.2.2 蜡（熔）模的制造

(1) 石蜡硬脂酸蜡（熔）模压制　45～48℃膏状石蜡硬脂酸流动性好，可用手工或压缩空气（0.3～0.5MPa）蜡枪或机器压制蜡模。手工压制蜡模操作要点见表 2-5。

表 2-5　手工压制蜡模操作要点

序号	名称	操作要点
1	压型准备	检查压型的分型面、型腔、型芯、定位销、紧固件、取模机构等是否完整、清洁。涂擦分型剂、装配与紧固压型
2	注蜡	把蜡枪嘴[图 2-7(a)或(b)]对准注蜡孔,压蜡并保压 3～10s,移走蜡枪
3	冷却	将注满蜡膏的压型浸入 14～24℃水中或放在工作台上冷却,冷却时间视熔模形状、大小而定,一般应冷却 20～100s
4	取模	拆开冷却后的压型,取出熔模并及时放入 14～24℃冷却水中继续冷却,有特殊要求的熔模应放在专用辅具上冷却

续表

序号	名称	操作要点
5	清型	用压缩空气吹除型腔、型芯上的水和蜡渣，视情况涂刷分型剂
6	合型	装配好干净的压型，准备再次注蜡压蜡模

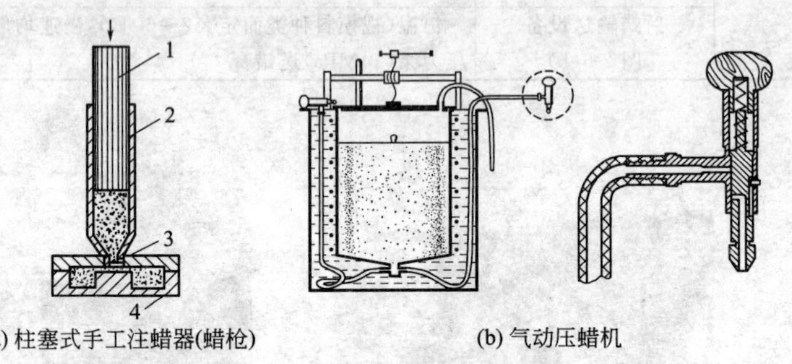

(a) 柱塞式手工注蜡器(蜡枪)　　(b) 气动压蜡机

图 2-7 石蜡硬脂酸熔模压制设备

1—柱塞；2—出蜡筒；3—注蜡口；4—压型

(2) 树脂基熔模压制 树脂基模料很黏稠，得使用较大压力2.5～15MPa的压蜡机进行熔模压制，因压力较大，均为液压压蜡机。图2-8为国产的三类压蜡机：(a) 为四柱双工位压蜡机，有两个工位可供两个工人操作，该类压蜡机又有换蜡缸和免换蜡缸两种；(b) 是圆盘式压蜡机，圆盘可旋转，供数名工人同时操作；

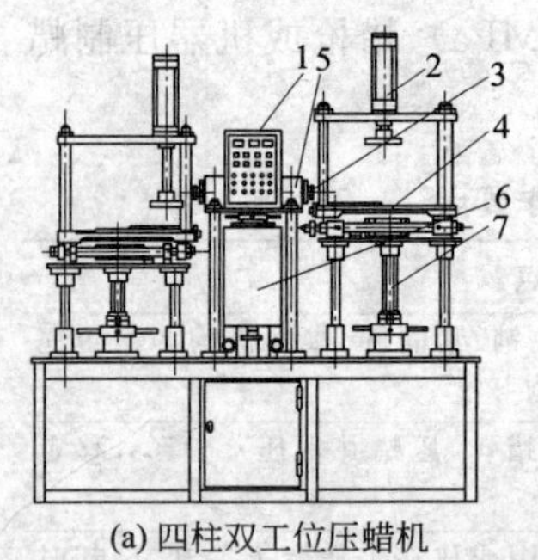

(a) 四柱双工位压蜡机

(b) 圆盘式压蜡机

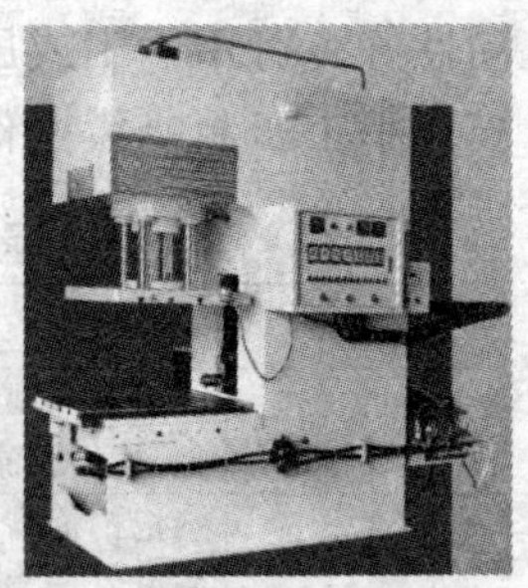

(c) 悬臂式压蜡机

图 2-8 三类压蜡机

1—按钮站；2—夹紧液压缸；3—压蜡嘴；4—工作台；5—射蜡缸；6—蜡缸；7—升降机构

(c) 是悬臂式压蜡机，可生产大型熔模。该类熔模操作要点见表2-6，为保证熔模精度，整个制模车间需恒温控制。

表 2-6 树脂基蜡模压制操作要点

序号	名称	操作要点
1	机器准备	检查压蜡机油压、保温温度、操作按钮等是否正常。按照技术规定调整压蜡机压射压力(2.5～15MPa)、射蜡嘴温度(56～60℃)、保压时间(数秒至数十秒)、冷却时间等。然后从保温箱(图 2-9)中取出蜡缸，装在压蜡机上，对免换蜡缸的机器不用此操作。挤出蜡嘴混有空气的蜡料
2	压型准备	将压型模具放在压蜡机工作台上，调整射蜡嘴使之与压型注蜡口高度一致。检查压型所有芯子、活块位置是否正确，压型开合是否顺利
3	喷分型剂合型	打开压型，喷薄薄一层分型剂，要均匀，必要时可用压缩空气嘴将分型剂吹均匀。注意：分型剂应尽量少。合型，让压型注蜡口与压蜡机射蜡嘴对好
4	压制蜡模	双手按动工作按钮，压蜡机将自动完成合型→注蜡→保压→循环水冷却→开型整个蜡模压制过程
5	取模	取出压型，抽出芯子，打开压型小心取出蜡模。按要求将蜡模放入冷水中或放入存放盘中冷却。有缺陷的蜡模应报废
6	清理压型	清除压型上残留模料，注意只能用竹刀，不可用金属刀片，防止压型型腔及分型面受损。用压缩空气嘴吹净型腔、芯子上的水和蜡屑
7	合型	分型剂应尽可能少喷，使用多次后视情况决定是否再喷分型剂。合上压型，将压型注蜡口对准压蜡机射蜡嘴，准备再次压制蜡模

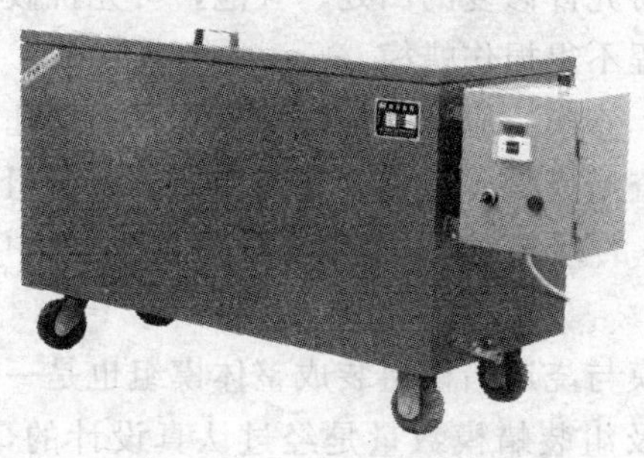

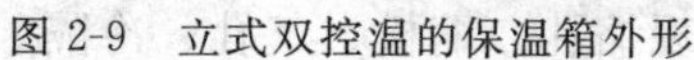

图 2-9 立式双控温的保温箱外形

图 2-10 模头压模机

(3) 浇道（模头）制作 浇道（模头）或浇口棒的制作方法有自由浇注法、蘸蜡法和压注法三种，各种方法工艺及优缺点见表2-7，可根据生产情况加以选择。

表2-7 浇口棒制作工艺及优缺点

名称	工艺	优缺点	应用
自由浇注法	将70～80℃的石蜡硬脂酸液浇到浇口棒模具中，当蜡液快凝固时插入芯棒（木棒或金属棒），可采用水冷却以提高效率	所制浇口棒强度高，但表面质量不很好，浇口棒表面易产生缩陷，脱蜡时膨胀大	石蜡硬脂酸模料生产批量不是很大时
蘸蜡法	将冷芯棒（常用铝棒）插入高于模料熔点5℃左右的蜡液中停留1～2s。蘸多次使棒上蜡层厚度达3～5mm即可。在蜡液中停留时间也可更长些，甚至一次蘸成	浇口棒强度较高，操作简便，不需要浇口棒模具，采用简单的设备生产效率较高。但所制浇口棒在环境温度低时蜡层易分层、开裂、剥落	石蜡硬脂酸模料生产批量较大时
压注法	与制蜡模一样，将模料压入专用的压型中成型，操作与压制蜡模相似	浇道蜡模质量好，生产效率高，可制造形状较复杂的浇注系统。使用气压压蜡机（图2-10）生产效率高	树脂基模料批量生产时

(4) 检查和修模 对已冷却定形的蜡模应进行检查，外观有缺陷的应报废。对重要尺寸需进行检查，不合格的蜡模要报废。

经检查合格的蜡模可修模待用。修模是用刀片的刃口细心地沿蜡模表面刮除分型线或飞边。对允许修复的凹处、气泡，可先挑破气泡，用修补蜡修复。修模过程不得损伤蜡模。

对某些镶陶瓷型芯的蜡模，修模后应小心将陶瓷型芯滑入蜡孔中，避免刮伤蜡模。修模后检查蜡模是否完整、有无变形、表面粗糙度和字迹是否合格等，合格的蜡模按要求整齐放在存放盘中待用。

(5) 模组组装 将合格蜡模与浇道蜡模组装成整体模组也是一个重要工序。浇道蜡模的选择及组装蜡模数量是经过认真设计的，不能任意修改。它影响铸件是否出现缩孔、缩松、气孔、冷隔、热裂、变形等缺陷，影响制壳方便和金属液的利用率等，从而影响铸件质量和成本。组装工必须按工艺技术规定进行组装。

模组组装方法有焊接方法、黏结法和机械组装法三种。前两种方法虽劳动强度较大，效率较低，但简单灵活、适应性强，使用较多，特别是焊接法应用最广。表 2-8 是焊接法模组组装操作要点。

表 2-8 模组焊接操作要点

序号	名称	操作要点
1	检查蜡模	再次目视检查蜡模,剔除不合格品
2	选择浇道	按工艺技术规定选择浇道种类。对浇道蜡模进行严格检查,除去变形、空心、表面有裂纹、螺帽未到位的浇道蜡模
3	电热刀准备	检查电热刀(图 2-11)是否漏电、完好,送电,预热至工作温度
4	浇道准备	给合格浇道的浇口棒上盖板,上板盖前务必将板上的涂料浆、砂粒清除干净。上盖板后,用焊刀将盖板与浇道间缝隙焊严
5	组装模组	按工艺技术规定将蜡模整齐、牢固地焊在浇道蜡模上。注意: ① 蜡模上表面距浇口杯上缘最小距离不小于 60mm;焊后蜡模间距大于 8mm;下层蜡模内浇口距浇道底部距离 10mm;内浇道长度大于 8mm ② 焊接处(蜡模内浇道与浇道蜡模间)要焊牢,不得有缝隙和尖角 ③ 蜡模应均匀布置,其表面不得有蜡滴、蜡屑等
6	清整	用压缩空气嘴吹掉模组上的蜡屑、灰尘及杂物。将模组吊挂运送到洗模工序

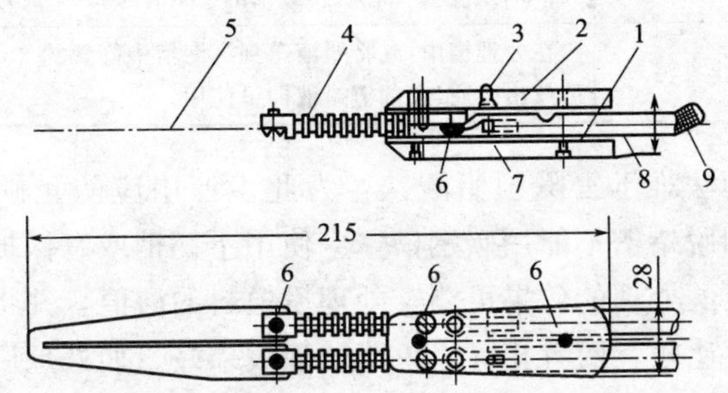

图 2-11 低压电热刀结构

1,2—手柄；3—按钮；4—支柱；5—不锈钢刀片；6—螺钉；7—石棉板；8—塑料管；9—导线

2.2.3 模料的处理

在制模、制壳和脱蜡的过程中，模料会混入水分、灰分和砂粒，同时模料中的一些成分也会发生变化。从经济和环保上考虑都希望模料能再使用，所以必须对脱蜡后模料进行处理，不同模料处理方法不同。

(1) 石蜡硬脂酸模料的处理 在使用过程中除混入水分、灰分和砂粒外，石蜡硬脂酸中的硬脂酸会和碱性物发生化学反应生成硬脂酸盐，使性能变坏。该种模料的处理应解决两方面问题：去除混入的水分和杂质，让硬脂酸盐转变为硬脂酸。处理方法有酸处理法、电解法和活性白土法，酸处理法使用最广泛，表2-9是酸处理法操作要点。

表2-9 酸处理法操作要点

序号	名称	操作要点
1	准备	检查处理槽是否漏水、漏蜡，有问题应及时处理
2	加料加热	加旧蜡和水，水为旧蜡体积分数的25%～35%，通蒸汽加热至沸腾，温度控制在95～105℃
3	加酸处理	在沸腾状态下缓慢地加入蜡料体积分数3%～5%的工业盐酸或蜡料体积分数的3%～6%的硫酸，持续沸腾45～90min后，关闭蒸汽 打开处理槽阀门放掉酸水，加适量水再加热沸腾10～15min，反复2～3次，到酸水的pH值为6～7时停止处理
4	静止去污	在处理槽中，或将蜡液送到沉淀槽中静置约2h，待杂质下沉后放出杂质，上部清蜡液即可使用

酸处理法难于去除硬脂酸铁，为此生产中应防止硬脂酸铁生成，化蜡和脱蜡槽不能用碳钢槽，应使用不锈钢或有保护层的碳钢槽。要确定酸处理的效果可测定处理后模料的酸值，并将它与新模料酸值进行比较，两者相等，说明处理效果好。如处理后的模料酸值偏低则说明处理不彻底。处理好的石蜡硬脂酸模料可反复使用几十年之久。

(2) 树脂基模料的处理 在使用过程中树脂基模料的某些组分

会在高温下树脂化和析出碳分，并混入水分、粉尘和砂粒。但组分的变化难以用一般回收处理加以解决，处理仅能去除混入的水分、粉尘和砂粒这类夹杂物。因此，树脂基模料处理后质量低于新模料。表 2-10 是国内工厂采用的树脂基模料处理操作要点。处理流程为（静置桶Ⅰ中）静止脱水→（除水桶中）搅拌蒸发脱水→（静置桶Ⅱ中）静置去污。

表 2-10 树脂基模料处理操作要点

序号	名称	操作要点
1	准备	检查设备、控温仪表是否处理工作状态
2	静止脱水	将脱蜡釜中卸出的旧蜡用泵或手工运送到静置桶Ⅰ[图 2-12(b)]中，在低于 90℃下静置 6～8h，使部分水沉淀从桶下部放出
3	蒸发脱水	将静止脱水后的蜡液倒入脱水桶[图 2-12(a)]中，在 100℃左右保温并搅拌，12h 以上，使残留水分蒸发，到目视蜡液表面无泡沫为止。蜡液经 60 号筛过滤后送到静置桶Ⅱ中
4	静止去污	在静置桶Ⅱ中低于 90℃下，静止 12h 以上，将污物沉淀到底部，定期放掉
5	待用	① 处理后蜡液输到模头压蜡机保温桶中，用于生产浇道蜡模 ② 处理后蜡液添加一定量新蜡，灌到保温箱蜡缸中或压蜡机保温桶中，用于生产蜡模。灌蜡缸时应沿缸慢慢注入，防止卷气

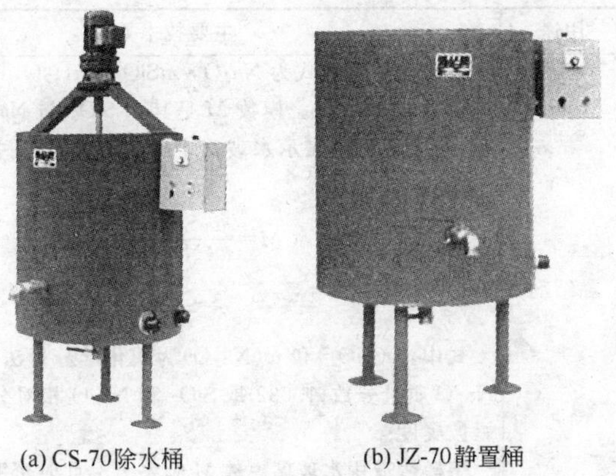

(a) CS-70除水桶 (b) JZ-70静置桶

图 2-12 除水桶及静置桶

模料处理应注意：

① 除水桶、静止桶均应及时排水、排污；

② 经常检查设备桶温，防止温度过高造成蜡料老化。有的工厂，使用高于100℃温度快速脱水，生产率虽高，但使蜡料老化变色，是不可取的方法；

③ 每天要查设备导热油的液面，油面应距离设备顶面200mm左右，防止油溢出或渗油，严防火灾。

2.3 型壳的制造

熔模铸造使用的型壳主要有两类：水玻璃型壳和硅溶胶型壳。两类型壳用材料及制壳工艺都有其特点。

2.3.1 水玻璃型壳制造

(1) 制壳用黏结剂及耐火材料 为保证型壳有足够的强度和表面质量，对制壳用黏结剂和耐火材料均有明确的性能要求。表2-11是水玻璃型壳用黏结剂、耐火材料及其性能。

表 2-11 水玻璃型壳用黏结剂、耐火材料及其性能

名称	用途	主要技术要求
水玻璃	黏结剂	水玻璃的代表式为 $Na_2O \cdot mSiO_2 \cdot nH_2O$，其主要性能参数有模数 M、密度 ρ。模数 M 是其中 SiO_2 与 Na_2O 摩尔数之比值，密度 ρ 间接表示水玻璃中 $Na_2O \cdot mSiO_2$ 的浓度，分别表示为： $$M=\frac{w(SiO_2)}{w(Na_2O)}\times 1.032$$ $$\rho=\frac{145}{145-°Bé}$$ 式中，$w(SiO_2)$ 和 $w(Na_2O)$ 为用化学分析法得出的 SiO_2 和 Na_2O 质量分数；1.032 是 SiO_2 和 Na_2O 相对分子量之比；°Bé 是波美度 熔模铸造用水玻璃模数 M 应大于3，此时密度 ρ 约为 1.34～1.40g/cm^3

续表

名称		用途	主要技术要求
硅石砂粉	粉	用于配制面层和背层涂料的耐火粉料	又称石英粉。作面层耐火粉料化学成分质量分数为 SiO_2 98%，有害杂质 K_2O+Na_2O 及 $CaO+MgO$≤1.0%、Fe_2O_3≤0.1%；耐火度≥1700℃；粒度 270 目(号筛)的洁白硅石粉。作为背层耐火粉料化学成分可要求低些
	砂	用于型壳面层和背层撒砂	又称石英砂。作面层撒砂化学成分同面层用粉，粒度以 50/70 目砂为佳。背层撒砂化学成分可要求低些，粒度常用两种：20/40 目砂、12/20 目砂
耐火黏土粉		用于背层涂料的增强剂	如沈阳黏土、无锡白坭等耐火黏土，对型壳强度的提高有明显作用。耐火黏土的 Al_2O_3 质量分数应≥26%，最好是生熟料混合料。粒度 200 目(号筛)
铝矾土(熟料)	粉	用于配背层涂料的耐火粉料	铝矾土粉化学成分质量分数为 Al_2O_3＞80%、Fe_2O_3≤1.5%、TiO_2≤5.0%、$MgO+CaO$≤0.8%、K_2O+Na_2O≤0.7%。粒度 200/270 目(号筛)。应经煅烧后熟料
	砂	用于背层撒砂	铝矾土砂化学成分同铝矾土砂，为熟料。粒度为两种 20/40 目砂、12/20 目砂
高岭石(熟料)	粉	用于配背层涂料的耐火粉料	又称煤矸石粉，化学成分质量分数为 Al_2O_3 40%～46%、SiO_2 49%～55%、Fe_2O_3≤1.2%。粒度 200～270 目(号筛)。为经过煅烧后熟料
	砂	用于背层撒砂	高岭石砂化学成分同高岭石粉，为熟料，粒度为 20/40 目砂、12/20 目砂
铝矾土合成料粉		用于配背层涂料的耐火粉料	又称莫来石粉，其化学成分质量分数：Al_2O_3 66.70%、SiO_2 24%～28%、Fe_2O_3≤1.5%、TiO_2≤4.0%、$MgO+CaO$≤0.5%、K_2O+Na_2O≤0.5%。粒度 200 目(号筛)。是经过煅烧的熟料

(2) 水玻璃涂料 包括涂料种类、配方、配制方法和性能测定。

① 水玻璃涂料有面层和背层涂料两种见表 2-12。表 2-13 是生产碳钢和低合金钢铸件使用的水玻璃涂料配方。

② 涂料的配制。从表 2-13 可看出面层涂料用水玻璃的密度较低，背层涂料的密度较高，但都比购买来的水玻璃密度低。这是因为水玻璃本身很黏稠，配涂料时如不稀释耐火粉料很难加进去，而加粉少的涂料生产出来的铸件表面很粗糙。另外，不稀释的水玻璃涂料在制壳硬化时很难硬化透，型壳强度低。所以，水玻璃必须先

表 2-12 水玻璃涂料种类

种类	特点	组成
面层涂料	面层涂料直接接触金属液，不能与金属液反应，否则会引起铸件缺陷；同时应形成平整致密的型壳表面，保证铸件表面质量	水玻璃黏结剂、优质耐火材料、润湿剂、消泡剂
背层涂料（加固层涂料）	背层涂料不接触金属液，但其层数多，为型壳主体，它将保证型壳的强度，铸件的成型及尺寸精度	水玻璃黏结剂、耐火材料

表 2-13 水玻璃涂料配方

组成 涂料种类	水玻璃		耐火粉料	粉液比	表面润湿剂JFC加入量(质量分数)/%	消泡剂加入量(质量分数)/%
	模数 M	密度/(g/cm^3)				
面层	3～3.4	1.25～1.28	270#～320#精白硅石粉	1.1～1.3	0.1～0.3①	0.05～0.1①
背层	3～3.4	1.30～1.33	270#硅石粉 2/3 200#耐火黏土 1/3	1.1～1.2	—	—
			200#～270#铝矾土	1.1～1.5		
			200#～270#煤矸石	1.1～1.5		
			200#～270 目铝矾土(混合料)	1.1～1.5		

① 占水玻璃黏结剂质量分数。有不少工厂只加表面润湿剂 JFC，不加消泡剂。

稀释再用来配制涂料，稀释至合适密度需加水量 ω 可用下式计算，也可查表 2-14 得到调密度所需加水量。

$$\omega=\frac{G(\rho-\rho')}{\rho(\rho'-1)} \tag{2-1}$$

式中，ω 为加水量；G 为原水玻璃重量；ρ 为原水玻璃密度；ρ'为稀释后水玻璃密度。

配制水玻璃可采用高速搅拌机和 L 型慢速搅拌机，见图 2-13，使用较多的为高速搅拌机。表 2-15 是水玻璃涂料配制操作要点。涂料回性后其密度升高、黏度下降并趋于稳定，回性可使制壳时硬化的胶凝收缩较小，型壳强度较好，因此，回性是涂料配制必不可少的一环。

表 2-14 每千克水玻璃密度调整所需加水量 单位：mL

调整后密度/(g/cm³) 调整前密度/(g/cm³)	1.26	1.27	1.28	1.29	1.30	1.31	1.32	1.33	1.34
1.32	175	140	108	78	50	24			
1.33	202	167	134	104	75	49	23		
1.34	230	193	160	129	100	72	47	23	
1.35	256	219	185	153	125	96	69	45	22
1.36	283	245	210	177	147	119	92	69	43
1.37	309	270	235	201	170	141	114	88	64
1.38	334	295	259	225	193	164	136	110	85
1.39	360	319	281	248	216	186	157	131	106
1.40	384	343	306	271	238	207	179	152	126
1.41	409	368	329	293	260	229	199	172	146
1.42	433	391	352	316	282	250	220	192	166
1.43	457	414	375	338	303	271	240	212	185
1.44	480	437	397	359	324	291	260	231	204
1.45	504	460	419	380	345	311	280	251	223

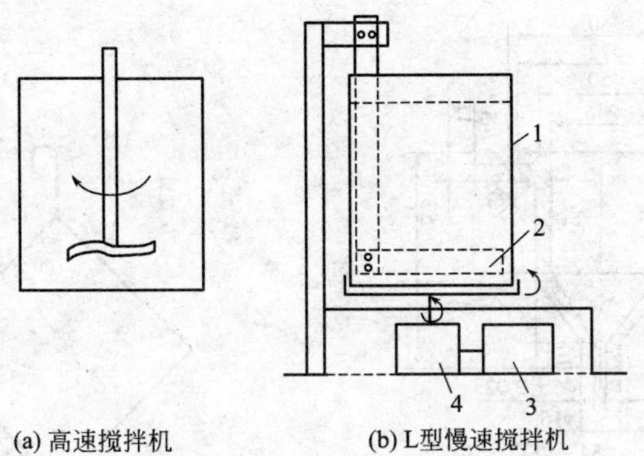

(a) 高速搅拌机　(b) L型慢速搅拌机

图 2-13　涂料搅拌机

1—涂料桶；2—L形叶片；3—电动机；4—变速箱

表 2-15 水玻璃涂料配制操作要点

序号	名称	操作要点
1	设备检查	检查涂料搅拌机运转是否正常
2	原材料准备	分别计算出水玻璃、加水量和粉料加入量，并准确称量
3	稀释水玻璃	将水玻璃和加水量一次性加入涂料搅拌机桶中，搅拌使之混均匀，静止测定其密度
4	加润湿剂	按比例加入润湿剂，开动搅拌机使之混均匀
5	加粉料搅拌	将粉料分 2～3 次加入，边加边搅拌至全部完成，也可间断搅拌每次搅拌时间不得小于 30min。注意要防止粉料结团
6	调整性能	等涂料基本混匀后，用流杯测定涂料黏度。如黏度高于工艺规定，加水玻璃调整；如黏度过低，加耐火粉料调整。注意这时测定的黏度可比工艺规定稍高些，因涂料经充分搅拌和回性后，黏度还会略为下降些
7	回性	将涂料黏度调好后，搅拌到工艺规定时间 60～90min，再次检查涂料性能，合格后停止搅拌，再始回性 4h 以上，方可使用

③ 涂料性能检查。水玻璃涂料性能控制一般通过测定涂料的黏度，黏度在工艺规定范围内，则说明涂料中粉量和水玻璃之间的比例达到工艺规定要求。但在原材料不稳定时，仅靠涂料黏度一项仍难于控制住涂料质量，需加测涂片重。图 2-14 为测定涂料黏度用的标准流杯，图 2-15 为测定涂料涂片重的涂片。两者的测定方法见表 2-16。这里要强调的是涂料的黏度是随温度变化的，同一种

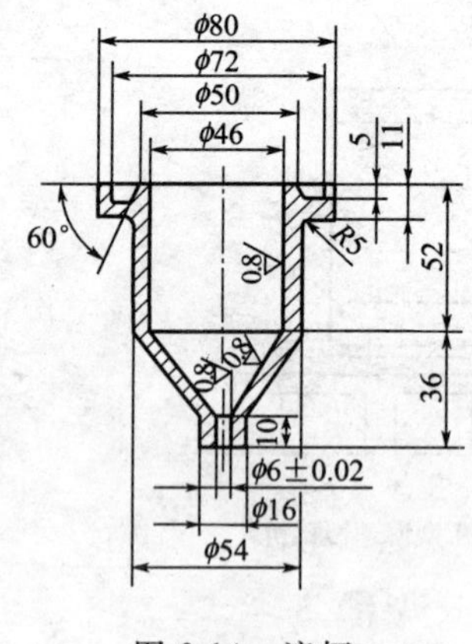

图 2-14 流杯

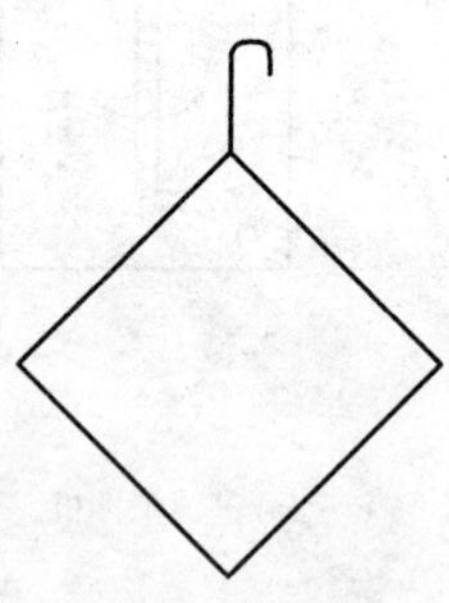
图 2-15 不锈钢涂片

涂料，温度高时测得的黏度小，温度低时测得的黏度大。因此，工厂在规定工艺要求时，应有不同温度时涂料黏度的规定值，见表2-17。表2-18是水玻璃涂料涂片重的控制值。另外，为使测定数据正确，每次测定后一定要将流杯和涂片清洗干净。

表 2-16 水玻璃涂料性能测试方法

测试项目	测试方法
涂料黏度	用容积100mL、流出孔 $\phi 6 \pm 0.02$mm 的标准流杯(见图 2-14)进行测试。用手堵住流出孔，将待测涂料灌满流杯。松开手指，同时按秒表计时；当流出孔的涂料流线中断成滴状时，停止秒表。秒表所记时间则为涂料黏度
涂片重	用 40mm×40mm×2mm 不锈钢片(又称涂片，见图 2-15)测试。先称出钢片重量 A。手持涂片上细丝，将涂片浸入涂料中。10s 后提出涂片，静止，让多余涂料滴落。2min 后再称重 B。B-A 则为涂料的涂片总重，B-A/涂片总面积所得值为涂片重

表 2-17 在不同温度下水玻璃面层和背层涂料的黏度值

涂料种类 \ 黏度/s \ 室温/℃	≥8～10	>10～15	>15～20	>20～25	>25～30	备注
面层	60～55	55～50	50～45	45～40	40～35	用于结晶氯化铝硬化剂
背层	26～24	24～22	22～20	20～18	18～16	
面层	65～60	60～55	55～50	50～45	45～40	用于氯化铵硬化剂
背层	45～40	40～35	35～30	30～25	25～20	

注：1. 室温低于8℃，涂料黏度应提高：表面层应提高2～3s，背层应提高1～2s。

2. 室温高于30℃，涂料黏度应降低：表面层应降低2～3s，背层应降低1～2s。

3. 手工制壳的涂料黏度应增加：表面层应提高5～10s，背层应提高2～3s。

表 2-18 水玻璃涂料的涂片重控制值（20℃时）

性能 \ 涂料种类	面层石英粉涂料	背层铝矾土涂料
涂片重/(mg/cm^2)	35～60	68～104
涂层总重/g	0.7～1.1	1.3～2.0

注：1. 使用氯化铵硬化时可选用上限，用氯化铝、氯化镁硬化时选用下限。

2. 手工制壳时可选用上限，机械化制壳时选用下限。

(3) 水玻璃制壳工艺 水玻璃型壳中黏结剂水玻璃是一个多种化合物的混合物，起黏结作用的 SiO_2 溶胶常仅占水玻璃 SiO_2 总量的1/4，其他以化合物存在的 SiO_2 要通过化学反应才能成为 SiO_2 溶胶，作为黏结剂。所以水玻璃型壳制壳工艺过程是复杂的，每制一层需有五个步骤（图2-16），硬化是制壳中重要一环。各工序作用及说明见表2-19。

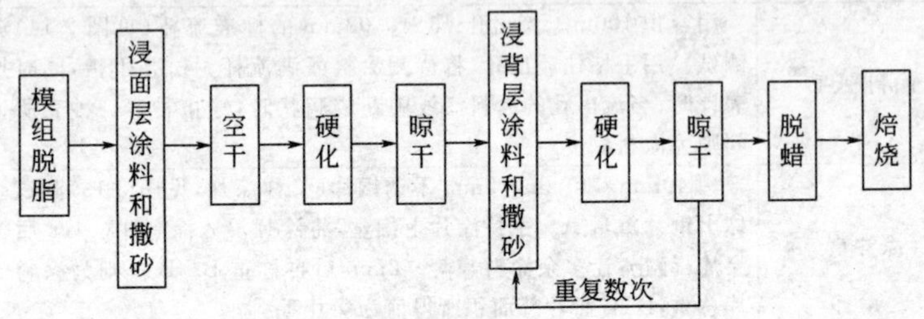

图2-16 水玻璃型壳制壳工艺流程

表2-19 水玻璃型壳制壳工序作用及说明

序号	名称	作用	说明
1	模组脱脂	去除模组上的油等，以确保水玻璃涂料能涂在模组上	这是水玻璃制壳不可省去的一个工序，它将影响铸件表面质量
2	上涂料	涂料是建立型壳强度和保证型壳表面质量的关键	一定要保证模组各处都涂上，并要均匀
3	撒砂	撒砂是增强型壳和固定涂料的，它能防止硬化时型壳产生穿透性裂纹等缺陷	必须让模组各处都撒上砂子，砂粒度从面层到背层逐渐变粗，面层过粗会击穿涂层打坏蜡模 撒砂有手工和机械两种。机械撒砂又分雨淋[图2-17(a)]撒砂和沸腾[图2-17(b)]撒砂
4	空干	去除部分水，以减少型壳收缩缺陷，有利于硬化进行	一般需2h以上，考虑生产效率，面层有空干，背层则免去此工序
5	硬化	使水玻璃化合物中 SiO_2 通过反应以溶胶析出起黏结作用，并通过改变pH值使溶胶生成固体胶体	硬化分界面硬化和渗透硬化两部分，后者进行很慢。生产中一般在型壳有一定硬化层时就开始下步工序。在整个制壳过程中渗透硬化仍在继续进行着
6	晾干	流尽残留硬化剂，防止上、下层型壳分离；继续硬化	经验是将手放在浇口棒底部，基本上手心无湿感，即型壳“不白不湿”已晾干

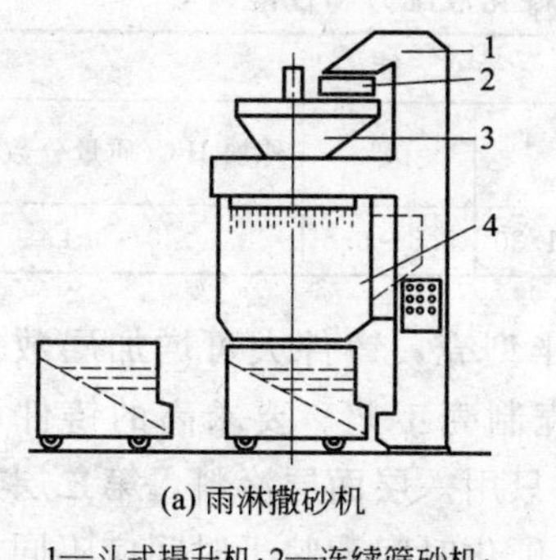

(a) 雨淋撒砂机

1—斗式提升机；2—连续筛砂机；
3—贮砂斗；4—模组撒砂机

(b) 沸腾撒砂机

1—上、下孔板；2—毛毡

图 2-17 撒砂机

① 模组脱脂是将模组放入有 0.3%表面活性剂的水溶液中清洗，以去除模组上的油分等。常用的表面活性剂为 JFC，又称渗透剂 EA。经脱脂处理的模组，取出后经晾干就可开始制壳操作。

② 硬化剂配制。常用的硬化剂溶液有工业氯化铵 NH_4Cl 液、结晶氯化铝 $AlCl_3 \cdot 6H_2O$ 液、结晶氯化镁 $MgCl_2 \cdot 6H_2O$ 液。其配方和性能见表 2-20～表 2-22。

表 2-20 氯化铵硬化液配方和性能

配方/kg		性能			
水	氯化铵	浓度(质量分数)/%	密度/(g/cm³)	pH	外加 JFC(质量分数)/%
75～78	22～25	22～25	1.05	5～6	0～0.1

表 2-21 结晶氯化铝硬化液配方和性能

配方/kg		性能			
水	结晶氯化铝	浓度(质量分数)/%	密度/(g/cm³)	pH	外加 JFC(质量分数)/%
67～69	31～33	31～33	1.16～1.17	1.4～1.7	0～0.1

表 2-22 结晶氯化镁硬化液配方和性能

配方/kg		性能			
水	结晶氯化镁	浓度(质量分数)/%	密度/(g/cm³)	pH	外加 JFC(质量分数)/%
66～72	28～34	28～34	1.24～1.30	5.5～6.5	0～0.1

③ 制壳。一般中小件制六层半型壳，铸件大可增加层数。表 2-23 是用氯化铵硬化时水玻璃型壳制壳工艺。要求高的铸件可使用两层面层涂料，要求一般的铸件只用一层面层涂料，第二层用背层涂料。采用其他硬化剂制壳时，硬化时间和晾干时间应不同。结晶氯化铝硬化时，硬化时间要增加到 5～15min，晾干时间也应增加。用结晶氯化镁硬化时，硬化时间只需 0.5～3min，晾干时间 30～40min。具体手工制壳操作要点见表 2-24。

表 2-23 氯化铵硬化时水玻璃型壳制壳工艺

参数 \ 层数	面层	二层	背层	封浆
涂料种类	面层涂料	面层或背层涂料	背层涂料	背层涂料
撒砂	50/70 号筛硅砂	20/40 号筛硅砂	12/20 号筛硅砂	—
硬化前干燥时间/h	～2	—	—	—
硬化时间/min	3～10			—
晾干时间/min	30～40			—

表 2-24 水玻璃手工制壳操作要点

序号	名称	操作要点
1	检查设备	检查所有设备运转是否正常
2	检查其他准备	检查各层涂料黏度、硬化剂参数、撒砂，以及室温等是否正常
3	制面层型壳	①从架上取下模组，以 30°左右角度将模组缓慢浸入面层涂料浆中，旋转。注意模组沟槽和尖角处不应包裹空气 ②以稍快速度取出模组、翻转，让多余涂料滴除，使模组上形成完整而均匀的涂层。必要时用低压压缩空气嘴以柔和风吹破孔洞、尖角、文字的气泡 ③旋转模组撒面层撒砂，注意：不得有未撒上砂的地方存在 ④将模组放在架上按工艺规定时间干燥 ⑤把模组浸入硬化剂液体中按工艺规定时间硬化 ⑥取出模组按工艺规定时间放在架上晾干

续表

序号	名称	操作要点
4	制二层型壳	①将已晾干的模取下，甩掉多余的浮砂 ②把模组浸入背层涂料中旋转上涂料 ③以稍快速度取出模组，转动，滴除多余涂料 ④旋转模组按工艺规定撒砂 ⑤把模组浸入硬化液中按工艺规定时间硬化 ⑥取出模组按工艺规定时间放在架上晾干
5	制三层至六层型壳	重复4①～⑥操作
6	制封浆层（半层）	把制壳六层已晾干的模组浸入背层涂料旋转上封闭层涂料，取出后转动，让涂层均匀，吊在架上干燥
7	浇口杯清整	制壳完毕，浇口杯顶部用专用工具打平，用压缩空气吹干净浮砂、壳皮。最好将浇口杯顶部侧面用涂料涂刷一次
8	型壳存放	将型壳按品种存放并摆整齐

制壳过程要保证撒砂量充分，保证涂料黏度、硬化剂温度在正常范围内；及时清除涂料及硬化槽中的撒砂、掉入的零件蜡模等；取、吊挂模组要防止型壳碰撞、碰伤，型壳破裂需修补后才能送往下一工序。在制壳过程中硬化是很重要的一环，只有保证型壳硬化好，才能保证型壳有好的性能。三种硬化剂最佳硬化工艺参数及型壳强度见表2-25，应使硬化时工艺参数处于表中最佳条件下，要控制硬化剂的变化，按工艺技术规定测定控制项目，并及时调整硬化液。

表2-25 三种硬化剂最佳硬化工艺参数及型壳强度

项目 硬化剂种类	最佳硬化工艺参数			控制项目	型壳强度/MPa		
	浓度（质量分数）/%	硬化时间/min	温度/℃		室温	高温（850℃）	残留
NH_4Cl	22～25	3～10	面层室温，背层逐层升高温度，最高<45℃	NH_4Cl%、NaCl%	0.97	0.99	1.04
$AlCl_3 \cdot 6H_2O$	31～33	5～15		密度、pH	1.49	1.42	1.93
$MgCl \cdot 6H_2O$	28～34	0.5～3		密度、pH	2.45	0.85	1.17

注：1. 聚合氯化铝与结晶氯化铝相似。

2. 结晶氯化钙与结晶氯化镁相近，但型壳残留强度更高。

2.3.2 硅溶胶型壳制造

硅溶胶型壳是一种优质型壳，可生产高精度铸件，整个制壳室均需控制温度和湿度。

(1) 制壳用黏结剂及耐火材料 见表 2-26，保证原材料质量是保证型壳质量的前提，应加以重视。

表 2-26 硅溶胶型壳用黏结剂、耐火材料及其性能

名称		用途	主要技术要求
硅溶胶		黏结剂	硅溶胶是典型的胶体二氧化硅，外观为清淡乳白色或稍带乳光。常用的硅溶胶化学成分质量分数为：SiO_2 29%～31%、Na_2O≤0.5%，其余为水。密度 1.20～1.22g/cm^3、pH 值 9～10
锆石粉砂	粉	用于配制面层涂料的耐火材料	又称硅酸锆，其化学成分质量分数为 ZrO_2≥65%、杂质含量 TiO_2≤1.0%、Fe_2O_3≤0.3%、P_2O_5≤0.3% 粒度 320 目(号筛)
	砂	用于面层撒砂	化学成分同锆石粉，粒度 100/120 目砂
高岭石（熟料）	粉	用于配背层涂料的耐火材料	又称煤矸石粉、莫来石粉，化学成分质量分数为 Al_2O_3 40%～46%、SiO_2 49%～55%、Fe_2O_3≤1.2%。粒度 200～270 目(号筛)
	砂	用于背层撒砂	化学成分同高岭石粉，为熟料，粒度为 30/60 目砂、16/30 目砂
刚玉	粉	用于配制面层涂料的耐火粉料	又称电熔刚玉粉，其化学成分质量分数为 Al_2O_3≥98.5%、Na_2O≤0.6%、Fe_2O_3≤0.1%、SiO_2≤0.2%。粒度 320 目(号筛)
	砂	用于面层撒砂	化学成分同刚玉粉，粒度 80 目、70 目(号筛)

(2) 硅溶胶涂料 包括涂料种类、配方、配制方法和性能测定。

① 硅溶胶涂料有面层、过渡层和背层涂料三种，其特点和组成见表 2-27。表 2-28 是常用硅溶胶涂料的配方。

表 2-27 硅溶胶涂料种类

种类	特点	组成
面层涂料	面层涂料直接接触金属液，应不与金属液反应，保证铸件无粘砂等缺陷。同时要保证型壳平整致密，铸件表面光洁	硅溶胶黏结剂、优质耐火材料、润湿剂、消泡剂、晶粒细化剂、其他附加物如干燥指示剂、缓凝剂等
过渡层涂料	在面层涂料和背层涂料之间，将两者牢固黏结在一起	硅溶胶黏结剂，耐火材料——要求高的用面层耐火材料，要求一般的用背层材料，其他附加物
背层涂料	背层涂料不接触金属液，但其层数多，为型壳主体，它将保证型壳的强度、铸件的成型和精度	背层用硅溶胶黏结剂、耐火材料，其他附加物

注：晶粒细化剂和其他附加物应根据铸件要求、工艺要求决定是否需要。

表 2-28 硅溶胶涂料配方

配比及性能 \ 种类		面层涂料	面层涂料	过渡层涂料	背层涂料
配方	硅溶胶/kg	10	10	10	10
	锆英粉/kg	36～40			
	刚玉粉/kg		26.4～29.7		
	高岭石熟料/kg			16～17	14～15
	润湿剂/mL	16	16		
	消泡剂/mL	12	12		
性能	流杯黏度*/s	32±1	34±1	19±1	13±1
	密度/(g/cm^3)	2.7～2.8	2.3～2.5	1.82～1.85	1.81～1.83

注：*表示用中国标准流杯测定的数据

② 涂料的配制：硅溶胶一般不用稀释可直接用于涂料配制。配硅溶胶涂料采用 L 型慢速搅拌机又称粘浆机，见图 2-18，(a) 是设备外形图，(b) 是结构示意图。为保证涂料质量需测定涂料黏度、密度、温度、pH 值等多项指标。表 2-29 是硅溶胶涂料配制操作要点。为保证涂料性能稳定，要定时测定涂料黏度，如使用过程中涂料黏度增加，可用蒸馏水调整使其黏度回到原来数值。

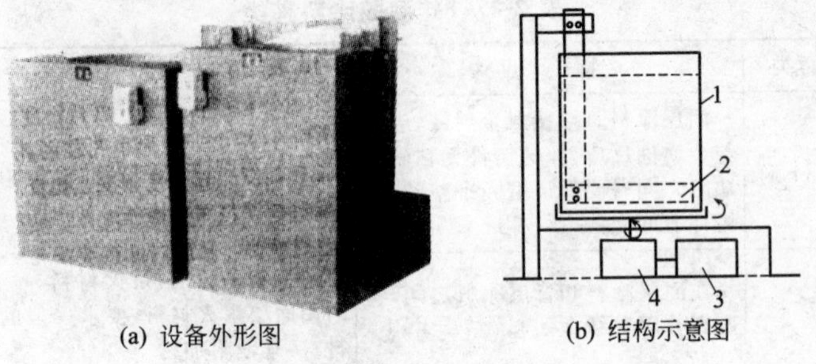

(a) 设备外形图　　(b) 结构示意图

图 2-18 粘浆机（L 型慢速搅拌机）

1—涂料桶；2—L 型叶片；3—电动机；4—变速箱

表 2-29 硅溶胶涂料配制操作要点

序号	名称	操作要点
1	设备检查	检查设备是否处于工作状态
2	加硅溶胶	按比例将硅溶胶倒入粘浆桶内，开动粘浆机，使之旋转
3	加润湿剂	以每公斤硅溶胶加 1.6mL 润湿剂的比例加入润湿剂，混均匀
4	加耐火粉料	按比例将耐火粉料缓慢加入粘浆桶中，注意防止粉结块，搅拌将粉料搅开
5	加消泡剂	以每公斤硅溶胶加 1.2mL 消泡剂的比例加入消泡剂，混均匀
6	调整成分	涂料基本混匀后，用流杯初测涂料黏度。如黏度过高，加硅溶胶调整；如黏度过低，加耐火粉料调整。注意此时的黏度可比工艺要求的黏度稍高些，因涂料通过搅拌后黏度还将略有下降
7	搅拌	涂料黏度初步调整好后，盖上浆桶，以免水分蒸发；继续搅拌到工艺要求的时间：面层涂料全部为新料时搅拌时间≥24h，部分新料时搅拌时间≥12h；过渡层涂料及背层涂料全部新料时搅拌时间≥10h，部分新料搅拌时间≥5h
8	检查性能	再次检查涂料黏度，达到工艺要求可使用

③ 涂料性能检查。硅溶胶涂料性能检查应测定涂料黏度、密度、温度、pH 值等多项指标。一般工厂因制壳工部是控温的，主要测定涂料黏度。大多数工厂使用美国詹氏 4# 杯测涂料黏度，该杯［图 2-19(b)］与我国标准流杯［图 2-19(a)］的容积和流出孔大小都不相同，所测得的数据也不相同。表 2-30 是涂料黏度测定操作要点。

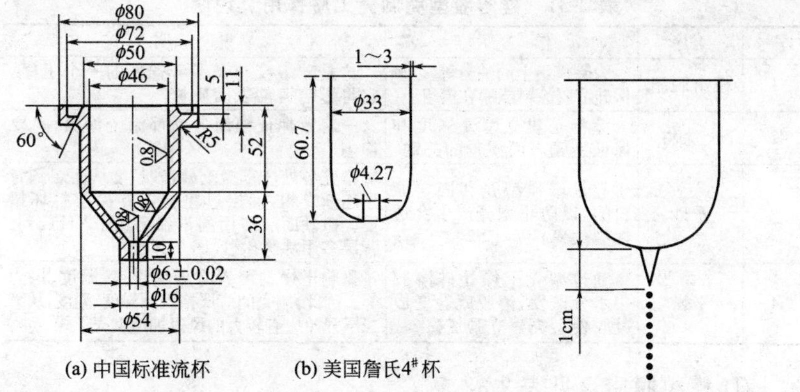

(a) 中国标准流杯　　(b) 美国詹氏4# 杯

图 2-19　两种流杯　　　　图 2-20　流杯测定黏度的基准

表 2-30　涂料黏度测定操作要点

序号	名　　称	操 作 要 点
1	流杯准备	准备好清洁干净的詹氏 4# 杯
2	装涂料	用手指堵住流出孔，将待测涂料灌满流杯
3	测定	松开手指，同时按秒表计时。当流出孔的涂料在距离孔 1cm 处断流时应停止秒表(图 2-20)。秒表所记时间则为涂料黏度
4	清洗流杯待用	每次测定后要认真清洗流杯，特别是流出孔。清洗后晾干待用

(3) 硅溶胶制壳工艺　硅溶胶黏结剂中起黏结作用的 SiO_2 胶体是以溶胶状态存在的，因此制壳工艺过程很简单，通过干燥水分蒸发，溶胶就会变成凝胶使型壳建立强度。每制一层型壳只需三个步骤：上涂料、撒砂、干燥。水分蒸发对环境无害，所以硅溶胶制壳是一种绿色制壳工艺。图 2-21 是硅溶胶型壳制壳工艺流程。表 2-31 为各工序作用及说明。

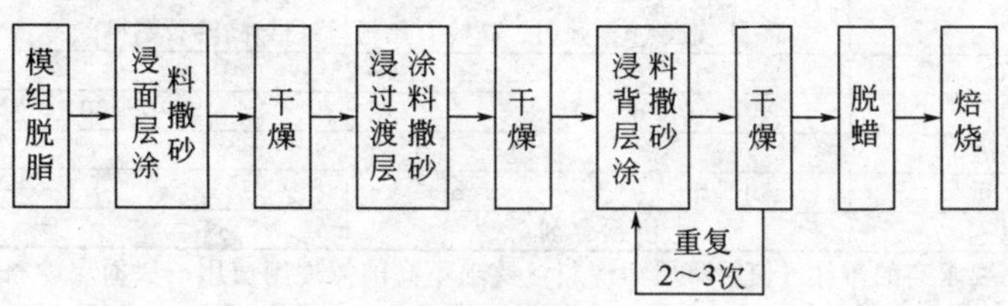

图 2-21　硅溶胶型壳制壳工艺流程

表 2-31 硅溶胶型壳制壳工序作用及说明

序号	工序	作　用	说　明
1	模组脱脂	去除模组上的油分等，以确保硅溶胶涂料能涂在模组上	这是硅溶胶制壳不可省去的一个工序，它将影响铸件表面质量
2	上涂料	涂料是建立型壳强度和保证型壳表面质量的关键	一定要保证模组各处都涂上涂料，并要均匀
3	撒砂	它是增强型壳和固定涂料的，以防止型壳产生穿透性裂纹等	型壳各处应都撒上砂，砂粒度从面层到背层逐渐变粗，面层过粗会击穿涂层打坏蜡模。撒砂面层多用雨淋撒砂[图 2-17(a)]。背层多用沸腾撒砂[图 2-17(b)]
4	干燥	通过型壳干燥让硅溶胶中水分蒸发，溶胶就会变成凝胶使型壳建立强度	影响干燥的因素有环境湿度、温度、风力等。因此，制壳间应严格控制湿度、温度，从第二层开始应有较大的风以加速型壳干燥

① 模组脱脂，见表 2-32。

表 2-32 模组脱脂操作要点

序号	名　称	操作要点
1	配清洗液	将 2F-301 等清洗剂加 1 倍水混匀后使用
2	清洗	把组焊好的静置 45min 以上的模组取下，浸入清洗剂中连续往复多次，约 8s，提起模组，吊挂在架上
3	吹干或晾干	取下模组用压缩空气吹干，或把模组悬挂在小车等上晾干
4	抽查清洗效果	抽查两组模组、浸入硅溶胶(加体积分数为 0.5%的润湿剂)中，取出后检查是否完全润湿。完全润湿说明清洗效果好，可用水漂洗去硅溶胶，晾干，待用。如检查发现模组不能完全润湿，则整批模组应重新清洗

② 制壳。一般中小件制五层半或四层半型壳，铸件大可增加型壳的层数。表 2-33 是硅溶胶型壳制壳工艺参数。具体制壳操作要点见表 2-34。

表 2-33 硅溶胶型壳制壳工艺参数

参数＼层数	面层	二层	背层	封浆
涂料种类	面层涂料	面层涂料或过渡层涂料①	背层涂料	背层涂料
撒砂	100/120 号筛(目)锆砂	30/60 号筛(目)高岭石熟料	16/30 号筛(目)高岭石熟料	
温度/℃	22～25			
湿度/%	60～70		40～60	
风速/(m/s)	—	6～8		
干燥时间/h	4～6	＞8	＞12	＞14
预湿剂②	浸预湿剂		—	

① 要求高的铸件可使用两层面层料，要求不高的铸件则使用一层面层涂料，第二层采用过渡层涂料。

② 预湿剂是 SiO_2 含量 25%的硅溶胶。

表 2-34 硅溶胶制壳操作要点

序号	名 称	操 作 要 点
1	设备检查	检查淋砂机、浮砂桶工作是否正常
2	其他检查	①检查清洗处推来的模组是否完整、是否已清洗过 ②检查各层涂料黏度是否合适、混制时间是否合适 ③室温、湿度是否正常
3	制面层型壳	①从运送小车上取下模组，以 30°左右角度将模组缓慢浸入面层涂料浆中，旋转。注意使蜡模沟槽和尖角处上涂料时包裹空气量要减到最少，有铸字或细窄凹槽时要用毛刷涂刷或预先喷涂涂料 ②以稍快速度取出模组，旋转使多余涂料滴除。用压缩空气嘴吹破已附在蜡模孔洞和尖角的气泡，不停地转动模组，在模组上形成完整均匀涂层。若不能获得均匀完整涂层需重新粘浆 ③将敷有均匀涂层的模组伸入淋砂机中翻转，让全部表面均匀覆上一层砂 ④取出模组吊挂在运送小车上，等整车挂满后，推到面层干燥间干燥 4～6h
4	制二层型壳	①将已干燥的面层型壳运送到制二层型壳处，取下模组检查型壳内角、孔处是否完全干燥，完全干燥后可制二层，此时以柔风吹去多余浮砂 ②把模组浸入硅溶胶预湿剂中，不超过 2s，取出后滴约 5s ③将不再滴预湿剂的模组以 30°左右角度缓慢浸入二层涂料浆中，旋转 3～4s ④以稍快速度取出模组，不停转动滴除多余涂料，形成均匀涂层。如孔洞等处有涂料闭塞或堆积可用压缩空气吹一下 ⑤把模组伸入浮砂桶内敷砂。当浇口杯缘已有砂时即可缓慢抽出模组，甩去多余砂粒。目视应无任何区域尚未被砂覆住 ⑥将模组吊挂回运送小车上，整车挂满后推到指定干燥区干燥指定时间
5	制三层 至五层	①将已干燥二层的型壳运送到第三层制壳处，取下模组轻摇去除浮砂 ②小心把模组浸入背层涂料桶中转动至少 10s ③取出模组让多余涂料滴除，转动模组使涂层均匀，注意应避免浇口杯缘处涂层太薄 ④将模组伸入浮砂桶内敷砂，注意浇口杯缘应有砂。缓慢抽出模组、甩去多余砂粒 ⑤将模组吊回小车上，整车挂满后推到干燥区干燥指定时间 ⑥重复①～⑤步骤制四、五层
6	制封浆层	重复序号 5 中①～③步骤制半层，干燥时间最少 14h

2.3.3 脱蜡焙烧

① 脱蜡是焙失蜡模的过程。因模料的热膨胀系数大于型壳的热膨胀系数，脱蜡慢会造成模料将型壳胀裂。所以，脱蜡的要点是高温快速脱蜡。生产中常用的脱蜡方法有：热水脱蜡，用于水玻璃型壳；蒸汽脱蜡，用于硅溶胶型壳。表 2-35 是热水脱蜡操作要点。图 2-22 是蒸汽脱蜡设备，表 2-36 为蒸汽脱蜡操作要点。

表 2-35 热水脱蜡操作要点

序号	名　称	操 作 要 点
1	检查设备	检查脱蜡槽是否漏水、漏蜡，起吊设备运转是否正常
2	脱蜡液准备	脱蜡液成分有两种：工业盐酸水溶液，其中工业盐酸质量分数 1.0%、pH 值 1～1.5，适用于结晶氯化铝硬化的型壳；工业氯化铵水溶液，其中氯化铵质量分数 5%～10%，适用于氯化铵硬化和氯化镁硬化的型壳 将脱蜡液加热到 95～98℃待用
3	型壳准备	按品种将型壳装入脱蜡筐中，型壳浇口向上，注意不要堆码和损坏模组。放好后用热水或压缩空气冲吹掉浇口杯上部的浮砂、壳皮
4	脱蜡	将脱蜡筐吊入脱蜡液中，开始计时，8～10min 后将筐吊起，拔出芯棒，再将筐降到脱蜡液中继续脱蜡。总共约 20～25min 脱尽蜡，把脱蜡筐吊出。注意：脱蜡水不能低于 90℃，防止脱蜡时间过长 严禁脱蜡液沸腾，防止撒砂等被带入型壳中。脱出的蜡料应及时通过蜡水分离器流入储蜡槽内
5	取出型壳	用双手拿住型壳将水倒尽，分品种将型壳存放或发送到焙烧工部。注意保持场地清洁，严禁脏物掉入型壳中

表 2-36 蒸汽脱蜡操作要点

序号	名　称	操 作 要 点
1	设备准备	检查脱蜡釜脱蜡过滤网是否需清理或更换，防止脱蜡时跑蜡等事故。对脱蜡釜进行压力试验，压力应在 14s 达 0.6～0.75MPa，并预热 1～2 次
2	型壳准备	把已达到标准干燥时间的脱蜡型壳取下，拆下挂钩、盖板等，并将浇口杯缘多余型壳材料去除干净

续表

序号	名　称	操作要点
3	脱蜡	①快速把模组倒放(浇口向下)在脱蜡蒸汽釜装载车上,送入脱蜡蒸汽釜,立即关好机门 ②打开蒸汽阀,14s钟内让压力达到0.6MPa ③在6～10min内完成脱蜡 ④关闭蒸汽阀,打开排气阀,泄放蒸汽压,卸压应慢,在1min以上 ⑤压力表指示压力为"零"时,打开排蜡阀,将蜡排放干净。打开脱蜡釜机门,把装载车拉出
4	取下型壳	从装载车上卸下型壳
5	检查型壳	检查型壳,合格型壳送指定地点,按浇注合金牌号整齐倒放在架上,待焙烧。有裂纹等需修补的型壳应用涂料修补。不合格的型壳要报废
6	排出蜡液送走	排出蜡液送到回收模料的温度<90℃的静置桶Ⅰ中,保持静置(以脱水)

(a) 燃油蒸汽脱蜡釜

(b) 电蒸汽脱蜡釜

图2-22　蒸汽脱蜡釜

② 焙烧型壳是为了烧去残余蜡料、水分和挥发物,使型壳发气量小,有好的透气性和强度;并可减少型壳与浇注金属液的温度差,以提高金属液的充型能力。不同型壳其强度不同、焙烧工艺参数也不同。水玻璃型壳焙烧温度850～950℃(氯化铵硬化的型壳用850℃),保温0.5～2h。硅溶胶型壳焙烧温度一般为1100℃,保温30min以上。型壳焙烧可采用油炉、煤气炉、电炉(见图2-23)。表2-37是焙烧型壳操作要点。焙烧时应严格控温、控时,杜绝型壳返烧。

(a) 燃油箱式焙烧炉

(b) 高效率壳模预热烧结炉

(c) 节能型圆形型壳预热烧结炉

图 2-23 焙烧炉

表 2-37 焙烧型壳操作要点

序号	名 称	操 作 要 点
1	设备检查	检查焙烧炉和控温表是否正常、炉床是否平整干净
2	型壳检查	仔细检查需焙烧的型壳是否完好无缺陷，有缺陷的型壳必须修补好。清理干净型壳浇口杯边缘，严防砂子等掉进型壳中
3	装壳	小心将型壳浇口杯向下装入焙烧炉中，后浇注的型壳先装炉，型壳不要相互碰撞，不要与炉壁接触，离炉门距离不小于 10cm。不能堆装。如浇口杯不能向下，应用石棉盖住浇口杯，防止污物掉入
4	焙烧	关炉门，加热，炉温达到工艺规定温度，保温时间按工艺规定，焙烧好的型壳应为白色。要严格控温和控时
5	浇注	焙烧炉要与熔化炉配合，确保浇注时型壳烧好，并保持高温。当钢水合格可浇注时，立即打开焙烧炉炉门，叉出型壳浇注。水玻璃型壳放在炉前地面上浇注。硅溶胶型壳中小件可以叉到炉嘴处，叉壳浇注要求型壳从焙烧炉中叉出至浇注不得超过 10s

2.4 合金的熔炼及浇注

2.4.1 合金的熔炼

熔模铸造可生产高温合金、钛合金、铝合金、铜合金、碳钢、低合金钢、不锈钢、高合金钢等各种合金的精密铸件。不同合金所用熔炼设备和工艺都不同、浇注方法也不尽相同。现国内民用熔模铸造主要生产碳钢、低合金钢、不锈钢等熔模铸件，本节仅介绍该类产品的熔炼及浇注。

(1) 熔炼设备 碳钢、低合金钢、不锈钢等熔炼可用感应炉、电弧炉、电渣炉等设备熔炼，但因熔模铸造每炉熔炼量小，实际上为一个重熔过程，广泛采用感应电炉熔炼。

感应电炉所熔金属液含气量低、元素烧损少、成分和温度控制好，热效率高，加热速度快，操作简单。但由于感应电炉的炉渣温度低，不利于脱硫和脱磷，对炉料要求较严格。一般熔模铸造厂多采用100～500kg的电炉，以中频感应电炉居多。普通中频感应炉有发电机变频（GGW系列）和可控硅变频（GW-J系列）两种电源。另外有一种快速中频感应炉能快速熔炼。三种设备主要技术规格见表2-38，设备外观照片简图见图2-24。从表2-38可看出150kg的快速炉熔化一炉时间为22min，而普通中频感应炉却需75min；前者每吨金属液电耗580kW·h，后者都为950kW·h。因此快速中频感应炉节电，并可减少元素烧损，应加以推广使用。

图2-24 电炉外观照片

表2-38 中频感应炉技术规格

基本参数名称	GGW系列		GW-J系列		快速中频感应炉		
	GGW-0.15	GGW-0.5	GW-0.15-100/IJ	GW-0.5-250/IJ	KYPS-100-170	KYPS-150-220	KYPS-250-300
额定容量/kg	150	500	150	500	100	150	250
额定功率/kw	100	250	100	250	175	220	300
额定频率/Hz	2500	1000	1000	1000	2500	2500	1000
电耗/(kw·h/t)	950	940	830	700	580	580	600

续表

基本参数名称	GGW 系列		GW-J 系列		快速中频感应炉		
	GGW-0.15	GGW-0.5	GW-0.15-100/IJ	GW-0.5-250/IJ	KYPS-100-170	KYPS-150-220	KYPS-250-300
熔化率(t/h)			0.13	0.38	0.29	0.36	0.50
熔化时间/min	75	90			18	22	30
冷却水消耗(t/h)	1	6	2	10	6	6	7

(2) 感应电炉熔炼工艺 熔模铸造用感应电炉熔炼碳钢、不锈钢基本上为炉料重熔过程，工序包括：坩埚制备、配料、熔化、钢液化学成分和温度调整、脱氧和出钢等。

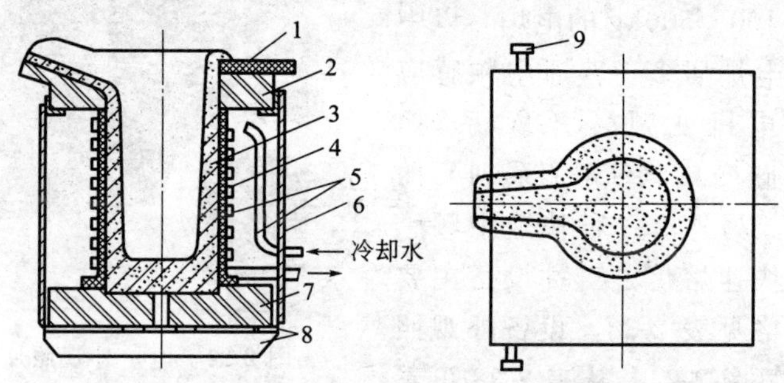

图 2-25 感应炉炉体部分结构图

1—水泥石棉盖板；2—耐火砖上框；3—坩埚；4—玻璃丝绝缘布；5—感应圈；6—水泥石防护板棉；7—耐火砖底座；8—铝制边框，9—转轴

① 坩埚制备。图 2-25 是感应炉炉体部分结构图，图中 3 是坩埚，或称炉衬。可购买坩埚筑在炉体内用，或自筑坩埚，现大多数工厂为自筑坩埚。自筑坩埚用模样（见图 2-26）有钢板焊接和铸造两种。筑炉方式又分干法和湿法，干法筑炉的材料中不加水混合，用钢板焊接模样，筑完后不取出模样，直接加料烘干熔化、烧结，模样只能用一次。湿法筑炉材料中加 3%～4%水混匀后使用，筑完后取出铸造模样；干燥后加料烘干、熔化、烧结，模样可

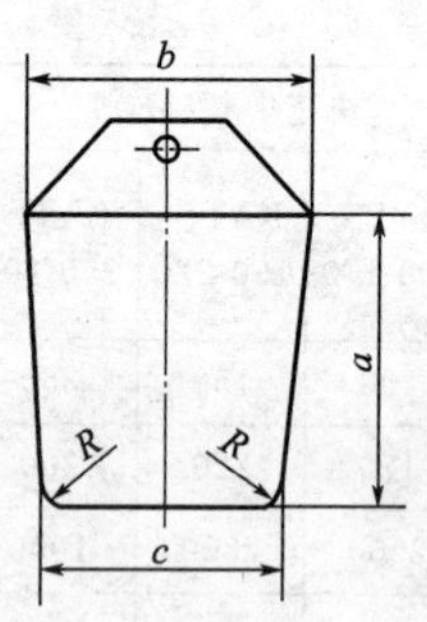

图 2-26 坩埚用模样

长期使用。坩埚有酸、碱两类，其特点及应用见表 2-39。表 2-40 是碱性炉衬筑炉操作要点。酸性炉筑炉操作要点相似，但材料使用的为硅砂而不是镁砂。表 2-41 是酸性炉衬（包）材料配比。

表 2-39 酸、碱性炉衬的特性及应用范围

炉衬种类	特 性	应用范围
酸性	酸性炉衬由硅砂、粉组成，能抵抗酸性渣浸蚀，但易受碱性渣浸蚀，易与钢中 Al、Ti 等起反应，使用寿命较长，不能去 S、P	普通碳素钢，高硅钢及一般低合金钢
碱性	碱性炉衬是以镁砂为基体材料组成，能抵抗碱性渣料的浸蚀，能去 S、P，对炉料要求相对低些，但炉衬耐急冷急热性能差，使用寿命较短	各种碳素钢、低合金钢、高锰钢，不锈钢、耐热钢和高温合金

表 2-40 碱性炉衬筑炉操作要点

<table>
<tr><th>序号</th><th>名称</th><th>操 作 要 点</th></tr>
<tr><td>1</td><td>配制炉衬材料</td><td>
制炉衬材料有：炉衬材料和炉领（出钢口）材料两种，按下列配方称重，分别配料：
<table>
<tr><td rowspan="2">配方
种类</td><td colspan="5">质量分数/%</td></tr>
<tr><td>镁砂
(6/12 号筛、
20/40 号筛、
40/70 号筛)</td><td>镁粉
270～
325 目</td><td>水玻璃
$M2.8$～
3.2
1.3g/cm^3</td><td>硼酸</td><td>蒸馏水</td></tr>
<tr><td>炉衬</td><td>50～55</td><td>45～50</td><td>—</td><td>外加
1.5～2</td><td>—</td></tr>
<tr><td>炉领
(出钢口)</td><td>50～55</td><td>45～50</td><td>5～10</td><td>外加
1.5～2</td><td>适量</td></tr>
</table>
将按配方称重的料干混均匀，加水（水玻璃）混匀，达“手捏成团，张指不散，不粘手”。过筛（6mm 孔径）、盖上湿布，停放 1～2h 后可使用
</td></tr>
</table>

续表

序号	名称	操作要点
2	感应圈绝缘处理	吹净感应圈上的灰和脏物，再用约 0.2MPa 的水通入感应圈检查感应圈是否渗漏。通过后用保护膏（如：270 目硅石粉 50%、石棉粉 30%、耐火黏土 20%、水适量；或耐火黏土 80%、400# ～500# 钒土水泥 20%，水适量）糊在圈匝间隙中，自然干燥 24h 或烘干。然后在感应器内壁贴 1～2 层厚度 2mm 的石棉布，下边缘向内壁折卷，上部用弹簧固定。再在感应圈底部放 6～10mm 石棉板（布）或云母片
3	筑炉底	在炉底石棉上铺一层 70～80mm 高的筑炉料，捣实。将其表面划松，再铺一层、捣实。多次重复，直至捣紧面高出感应圈最低圈位置 20～30mm
4	筑炉壁	将坩埚模样外侧用砂纸打净，去除全部铁锈。把干净的坩埚模样放在炉底上，与感应圈同心，压上压铁。把模样与石棉布间的炉底料划松、装 20～40mm 厚炉衬材料，捣实。如此反复进行，直至距感应圈匝上边缘 50mm 为止。100～150kg 炉上部壁厚 60mm，下部 75mm
5	筑炉领、出钢口	配炉领材料打结炉领和出钢口，并用水玻璃溶液（水∶水玻璃为 1∶1）均匀涂刷在其表面
6	烧结	取下压铁，干法打结坩埚自然干燥 2h。湿法打结坩埚取模样后要自然干燥 24h，随后放入电阻丝低温烘烤，到表面干燥后即可进行烧结 在坩埚内装入炉料，先缓慢升温到 700～800℃保持 3～4h。然后逐步增加功率，使金属熔化再继续投料，直到金属液面上升到距炉顶 50mm 处。再升高功率，使金属液达到 1700℃保持 1h 烧结。将金属液除渣、脱氧、停电、浇到锭模中 烧结后可继续加料开炉，也可停炉。若停炉用原 2/3 冷却水使炉衬慢慢冷却 3～4h

表 2-41 酸性炉衬（包）材料配比（质量分数） 单位：%

名称	硅砂								耐火黏土	硼酸（外加）	水玻璃（外加）	水（外加）	应用
	(4/6)	(6/12)	85 (12/30)	60 (20/40)	42 (30/50)	15 (70/140)	10 (10/200)	05 (20/272)					
炉衬	—	—	30	—	50	—	—	20	—	1.5	—	适量	50～60kg 中频炉
	50	—	—	—	—	50	—	—	—	1.5～2.0	—		150kg 中频炉
	25	20	—	30	—	—	—	25	—	1.5～2.0	—		500kg 中频炉
	70～75	—	—	—	—	—	—	30～25	—	2.0～3.0	—		60～500kg 中频炉

续表

<table>
<tr><td rowspan="2">名称</td><td colspan="8">硅砂</td><td rowspan="2">耐火黏土</td><td rowspan="2">硼酸(外加)</td><td rowspan="2">水玻璃(外加)</td><td rowspan="2">水(外加)</td><td rowspan="2">应用</td></tr>
<tr><td>(4/6)</td><td>(6/12)</td><td>85 (12/30)</td><td>60 (20/40)</td><td>42 (30/50)</td><td>15 (70/140)</td><td>10 (10/200)</td><td>05 (20/272)</td></tr>
<tr><td rowspan="2">炉领</td><td>—</td><td>—</td><td>30</td><td>—</td><td>—</td><td>50</td><td>20</td><td>—</td><td>—</td><td>—</td><td>10</td><td></td><td>—</td></tr>
<tr><td>50</td><td>—</td><td>—</td><td>—</td><td>—</td><td>—</td><td>—</td><td>10</td><td>40</td><td>1.0～2.0</td><td>6～10</td><td></td><td>—</td></tr>
<tr><td>包衬</td><td>—</td><td>30</td><td>—</td><td>30</td><td>—</td><td>—</td><td>20</td><td>—</td><td>—</td><td>—</td><td>适量</td><td>适量</td><td>—</td></tr>
<tr><td>补炉</td><td>50～60</td><td>10～20</td><td>—</td><td>—</td><td>—</td><td>—</td><td>—</td><td>30～40</td><td>—</td><td>2.0～3.0</td><td>—</td><td>适量</td><td>—</td></tr>
</table>

② 配料计算。每种牌号的合金都有规定的性能要求，如抗拉强度、伸长率、断面收缩率等。为达到这些性能要求，就必须有一定的化学成分（如C、Si、Mn、Cr、Ti、Al、V、Mo、Ni等）。而在熔炼过程中，这些元素在高温下会与空气中氧等发生化学反应，生成氧化物，从而使熔化合金中这些元素量减少，称为元素烧损。同时生产中常使用新料和回炉料（浇冒口、废件）两种炉料。为保证熔炼浇注得到的铸件化学成分正确，就需要进行配料计算，事先将烧损元素量加进去。表2-42是配料计算步骤表。生产中应严格按照计算好的配料比例来配料。

表 2-42 配料计算步骤表

<table>
<tr><td>序号</td><td colspan="11">内容</td></tr>
<tr><td>1</td><td colspan="11">确定合金化学成分</td></tr>
<tr><td rowspan="4">2</td><td colspan="11">确定元素的烧损率，中频感应炉熔炼各元素烧损率(质量分数，%)如下</td></tr>
<tr><td></td><td>C</td><td>Si</td><td>Mn</td><td>Cr</td><td>Ti</td><td>Al</td><td>W</td><td>V</td><td>Mo</td><td>Ni</td></tr>
<tr><td>酸性炉</td><td rowspan="2">5～10</td><td>0～10</td><td>30～50</td><td rowspan="2">5～10</td><td rowspan="2">40～66</td><td rowspan="2">30～50</td><td rowspan="2">3～5</td><td rowspan="2">5～50</td><td rowspan="2">5～20</td><td rowspan="2">0</td></tr>
<tr><td>碱性炉</td><td>30～40</td><td>20～30</td></tr>
<tr><td>3</td><td colspan="11">计算出炉料中各元素(包括烧损量)应有的质量分数，使用下式计算：
$$K=\frac{K_0}{1-S}$$
式中，K为炉料中某元素的质量分数，%；K_0为钢液中某元素的应控制质量分数，%；S为某元素在熔炼中的烧损率(质量分数)，%。</td></tr>
</table>

续表

序号	内 容
4	根据炉料总质量，计算出各元素应有重量
5	计算出回炉料中各元素的重量
6	计算出需补加的各元素的重量
7	计算出需补加的各种铁合金、碳、纯铁等新料的重量
8	核对是否符合配料成分要求

③ 感应电炉熔炼操作要点如表 2-43，表 2-44 是用酸性炉衬熔化碳钢 ZG310-570 熔炼操作要点。

表 2-43 感应电炉熔炼操作要点

序号	工序名称	熔炼操作要点
1	准备	检查炉体情况，如炉衬、感应线圈、冷却水管、炉体转动机构是否正常。炉衬如需修补应先修衬好。检查电源和控制系统是否正常。打开冷却水，使水路通畅，水压应大于 0.28MPa 准备好工具、测温仪表 准备金属炉料、熔剂(表 2-45)、脱氧剂、浇包，应预热、烘烤以备用
2	装炉	为加速熔化，炉料应装得紧实，有条件的最好用洁净干燥直径合适的锭材。无此条件的，应将清洁干净的炉料按下列方法装料：根据炉内径大小选料，粗细料并用，以使炉各处完全充填；难熔的、大块的装在靠近炉壁和底部的高温区，大块料空隙中用小料充填。炉料组分最多应先加，易氧化成分后加；为防止"搭桥"装料应注意炉料不超过感应线圈高度；长形炉料应竖直装入炉内，并力求做到"下紧上松"
3	熔化	装料后送电，前几分钟用较低的功率，当电流波动较小后采用最大功率，直至熔清。炉料开始熔化后，要及时撒上熔剂防止金属液氧化、吸气，熔渣一般为金属液质量分数的 2%～3%为宜。在熔化过程中应常用炉钎捅料，防止"搭桥"故障。随着炉料的熔化，陆续把未装完的炉料装入 达到额定电力及全部炉料熔解化清时，检查冷却水排水温度应低于 30℃，钢水液面应一直处于覆盖状态

续表

序号	工序名称	熔炼操作要点
4	调整成分	炉料化清后，取样分析成分。根据分析结果进行成分调整。可加入电极碎粒等调整碳量，加入硅铁、锰铁调整硅、锰含量。熔炼合金钢时还要加入相应合金，调整化学成分。凡与氧亲和力较大的合金元素必须在脱氧良好的条件下加入，温度也不能太高，以减少烧损。一些难熔的密度大的元素应先加入。几种主要合金的加入次序及时间应：镍一般在装料时加入。铬在脱氧良好的条件下加入，但含铬量多时则在装料时加入，可装在炉底部以减少烧损。钨和钼应以小块在炉料熔化后加入。硅和锰加入量不多可在炉料熔化后脱氧前加入。钒、铝、钛、硼、锆必须在脱氧良好的条件下加入，先后次序为钒、铝、钛、硼、锆。如合金中铝或钛含量较多，钒量较少时，则钒应在铝、钛加入后再加。在每次加入合金元素后，必须根据加入量来决定升温时间，当加入较多铝、钛时，要停电降温，防止合金液过热产生飞溅。所有合金加入前应预热，加入量应严格
5	脱氧与温度调整	钢液脱氧是为了尽量减少其含气量，同时最大限度地减少钢液中氧化夹杂物。脱氧一般分预脱氧和终脱氧两步。炉料化清并升温后可进行预脱氧，按脱氧能力弱到强加入脱氧剂。即先加锰铁（钢液质量分数 0.1%～0.2%）、后加硅铁（钢液质量分数 0.05%～0.07%）和硅钙（钢液质量分数 0.2%～0.3%）。再测量钢水温度。在钢液成分和温度合适时进行终脱氧。用铝（钢液质量分数 0.04%～0.06%）终脱氧
6	出钢浇注	当合金液成分、温度达到要求，脱氧完成后，即停电、扒渣、出钢浇注
7	停炉	浇注完钢水停炉时，把电力控制旋转至“零”位，关掉调频器。2min 后断电，减小冷却水压力，延缓炉体冷却时间以避免炉衬裂纹。停炉后冷却水至少应 6h 后才关闭

表 2-44 碳钢 ZG310-570 熔炼操作要点

<table>
<tr><th>序号</th><th>名称</th><th>熔炼操作要点</th></tr>
<tr><td>1</td><td>准备</td><td>①炉料的质量分数：回炉料 70%，其余用新料
②炉料的计算成分（质量分数，%）如下：
<table>
<tr><th>C</th><th>Si</th><th>Mn</th><th>Cr</th><th>Ni</th><th>P</th><th>S</th></tr>
<tr><td>0.53～0.58</td><td>0.25～0.30</td><td>1.1～1.5</td><td><0.3</td><td><0.3</td><td><0.045</td><td><0.045</td></tr>
</table>
③采用酸性炉衬
④熔剂的质量分数：硅砂 80%，碎玻璃 20%</td></tr>
</table>

续表

序号	名称	熔炼操作要点
2	装料	首先在坩埚底部装入部分小块料和电极碎块(增碳剂,用量少于20g时,可在炉料熔化后加入),然后紧密地装入回炉料和新料
3	熔化	①通电进行熔化,未装完的炉料随着炉料的熔化,陆续加入 ②钢的整个熔炼过程应在熔剂覆盖下进行,全部熔化后,取样进行炉前分析
4	调整成分	全部炉料熔化后,升温至1530～1540℃,加入预热好的锰铁和硅铁
5	脱氧	①继续升温至1560～1570℃时,除去熔渣,并覆盖新熔剂 ②依次加入质量分数为0.2%的MnFe,0.1%的SiFe脱氧 ③用质量分数为0.03%的Al进行终脱氧
6	出钢浇注	脱氧之后,当钢液温度达到1570～1590℃时,除净熔渣,停电、出钢浇注

表 2-45 熔剂配方(质量分数) 单位:%

序号	石灰	氟石	破玻璃	工业氧化铝	工业氧化镁	硅砂	铝粉	应用
1			20			80		酸性炉
2	25	10				65		
3			100					
4	50	2.5		25	22.5			碱性炉
5	45.5	6.5		13.5	16.5		18	
6	95	5						

2.4.2 浇注

(1) 熔模铸造常用浇注方法 见表2-46。

表 2-46 熔模铸造常用浇注方法和适用范围

浇注方法		特点和适用范围
重力浇注	浇包转注	钢液从炉中倒入转包,再由转包浇入型壳。钢液降温快、氧化严重。但操作方便,这是生产中最常用的浇注方法
	从熔炉直接浇注	将型壳浇口杯对准炉嘴,倾动熔炉,让钢液浇入型壳。钢液的氧化和热损失少。但型壳要具有较高的高温强度,常用于中小型不锈钢铸件

续表

浇注方法		特点和适用范围
重力浇注	翻转浇注	将型壳倒扣在坩埚上，再将熔炉炉体缓慢翻转使钢液注入型壳中(图 2-27)。钢液基本上不氧化和降温、流动平稳。但需专门设备。常用于质量要求高又含铝、钛、铌等易氧化元素的小型不锈钢和部分高温合金精铸件
真空吸铸		用真空将合金液吸入型壳中，它能提高合金液充型能力，适用于生产薄而精细的中小型精铸件
离心浇注		提高合金液充型能力，特别适合质量要求高的钛合金、高温合金和不锈钢等精铸件
调压浇注		提高合金液充型能力，主要用于质量要求高的薄壁铝合金精铸件
低压浇注		它提高合金液充型能力，主要用于难成型的铝合金精铸件

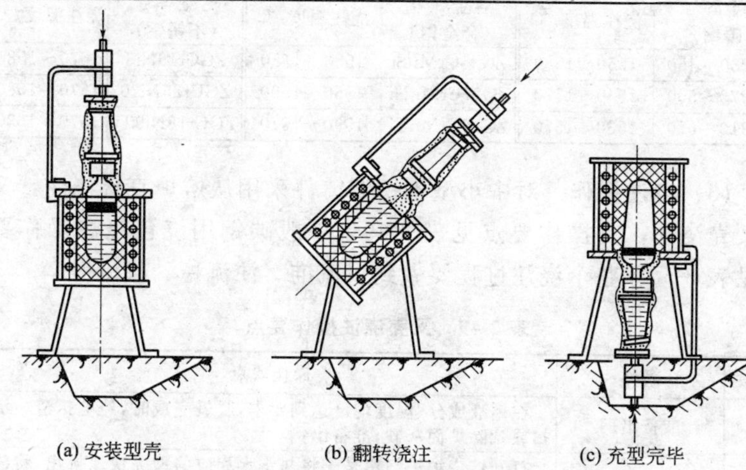

(a) 安装型壳 (b) 翻转浇注 (c) 充型完毕

图 2-27 翻转浇注示意图

(2) 浇注工艺参数 见表 2-47 和表 2-48。

表 2-47 浇注工艺参数

工艺参数	对铸件质量的影响	具体数据
浇注温度	浇注温度过低，铸件难成型，易产生浇不足、冷隔、铸件夹杂等；浇注温度过高有利于铸件成型，但铸件晶粒粗大，易产生变形和缩孔，脱碳倾向增大	见表 2-48

续表

工艺参数	对铸件质量的影响	具体数据
浇注速度	浇注速度快有利于铸件成型，但容易卷入气泡和夹杂。经验表明，较厚大铸件或用底注式浇注系统时，浇注速度可先快后慢，减少铸件缩孔等。对薄壁小件浇注速度可先慢后快以减少气孔、夹杂等缺陷	用浇包浇注时，铸件<100kg浇注时间<10s，5～10kg铸件浇注时间4～8s
型壳温度	熔模铸造是热型浇注，型壳温度宜高不宜低，型壳温度低，铸件容易产生冷隔、夹杂、气孔等缺陷，但型壳温度过高则会使铸件晶粒粗大，力学性能下降	浇铸钢时，型壳温度700～1000℃

表2-48 典型铸钢的浇注温度

合金牌号（碳钢）	浇注温度/℃	合金牌号（合金钢）	浇注温度/℃	合金牌号（不锈钢）	浇注温度/℃
ZG230～450	1550～1580	ZG35CrMnSi	1550～1580	ZGCr19Ni3	1570～1580
ZG270～500	1540～1570	ZG27CrMnNi	1560～1590	ZGCr25Ni20	1570～1580
ZG310～570	1530～1570	ZG16CrMnTi	1590～1610	ZGCr18Ni9Ti	1570～1630

(3) 浇注操作 对中小型不锈钢铸件采用从熔炉直接浇注，又称叉壳浇注，其操作要点见表2-49。一般碳钢用浇包浇注操作要点见表2-50。整个浇注过程要做到引流准、注流稳、收流慢。

表2-49 叉壳浇注操作要点

序号	名称	操作要点
1	准备出钢	在钢液成分、温度均已达到要求，脱氧完成时，停电扒渣。清扫或吹除炉面灰砂，准备出钢
2	叉壳	打开焙烧炉炉门用叉子将与钢水相应的型壳快速挑出，将浇口杯对准熔炼炉出钢口
3	浇注	转动熔炼炉炉体，快速浇注。浇注时引流要稳、准，浇速要快，防止钢液喷溅、断流或细流
4	连续浇注	不停用叉子将型壳挑到熔炼炉前，保持连续浇注，以尽快速度将钢液浇完，100kg钢水浇注时间应小于4min
5	型壳冷却	浇注后的型壳应分散放置，以加快铸件冷却。对有些钢种如美国牌号431等，冷却时需建立还原性气氛防止氧化，浇后应迅速在浇口上撒稍许蜡屑或木屑等，盖上罩桶冷却 对易产生缩孔、缩松的铸件，按工艺规定可在浇口杯上撒发热剂，加强浇口补缩作用
6	型壳堆放	浇后型壳，送到指定地点，分炉次堆放

表 2-50 浇包浇注操作要点

序号	名 称	操作要点
1	浇包准备	金属熔炼前就应准备好浇包(图 2-28),浇包壳上有均匀分布的孔,包衬有酸、碱、中性三种,配方见表 2-51。捣实方法同筑炉衬 新筑包烘烤时间≥1.5h,修补的旧包烘烤时间≥0.5h。浇包应烘烤至暗红色方可使用
2	准备出钢	在钢液成分、温度均已达到要求,脱氧完成时,停电扒渣。清扫或吹除炉面灰砂,准备出钢 注意"三同时"即浇包同时烘好,钢水同时合格、型壳同时焙烧好
3	型壳准备	将焙烧好的型壳快速叉出,放在炉前指定区等待浇注。机械化浇注线则不必将型壳叉出,直接在浇注线上浇注
4	浇注	将浇包手抬或吊拉到炉前,对准炉嘴接满钢水(不超过包容积的85%)。迅速将浇包运到浇注地,把浇包嘴对准型壳(保持 50～100mm 距离)进行浇注,引流要准、注流要稳,不可断流,收流要慢。应在工艺规定时间内浇完,浇完一个型壳立即浇第二个型壳。浇注时可采用多个浇包同时浇注,一炉钢水要尽可能快浇完
5	型壳冷却	浇后型壳应分散放置,以加快铸件冷却 对易产生缩孔、松的铸件,按工艺规定可在浇口杯上撒发热剂,加强浇口杯补缩作用

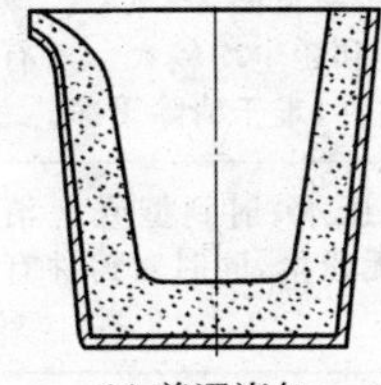
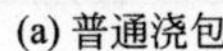

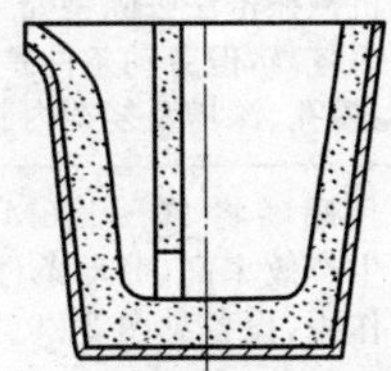
(a) 普通浇包 (b) 茶壶浇包

图 2-28 浇注包

表 2-51 包衬材料配比 (质量分数) 单位:%

种类	耐火材料		耐火黏土 200 目	水玻璃 d1.30～1.32	卤水 d1.30
酸性包	硅砂(6 目) 50	硅石粉(270 目) 30	20	适量	—
中性包	铝矾土砂(6 目) 60～65	铝矾土粉(200 目) 40～35	—	适量	—
碱性包	镁砂(6 目) 50	镁粉(200 目) 40	10	—	6～3

2.5 铸件清理和热处理

熔模铸造是生产精密复杂铸件的，其铸件清理和后处理要格外严格与认真。

2.5.1 铸件清理

熔模铸件的清理包括清除铸件组上的型壳，切除浇冒口、磨掉浇冒口余根，清除铸件表面的粘砂、氧化皮和毛刺等。

(1) 清除型壳 可使用机械脱壳及高压水清理，两种方法特点及应用如表2-52。目前国内应用最广的为机械振动脱壳，其操作要点见表2-53，注意清壳时不应使铸件变形和有伤痕。高压水清理劳动条件好，应大力推广。

表 2-52 清除型壳方法

脱壳方法	工作原理及特点	应 用
机械脱壳	用机械振击法去除型壳，常用设备见图2-29(a)。该法效率较高，但劳动条件差，噪声和粉尘均较大。对有小孔、深孔、深槽及复杂内腔的铸件，难于清除干净。	国内应用广
高压水清理	利用喷嘴将20～136MPa高压水，射到型壳上清壳。生产效率高、劳动条件好、无粉尘，同时对铸件有光饰作用，设备见图2-29(b)	国外广泛应用，国内正在推广

表 2-53 机械振动脱壳操作要点

序号	名称	操 作 要 点
1	检查设备	打开压缩空气总阀门，检查设备运转是否正常
2	夹持铸件组	将铸件组垂直放置在振壳机锤头下，打开进气阀，使锤头压紧铸件组
3	振动脱壳	打开振动子，振除铸件组上的型壳。振动时间根据铸件而定，但应小于2min，防止铸件产生裂纹，振完后型壳要清除干净
4	取下铸件组	关闭振动子，松开夹紧装置，取下铸件组。检查铸件不应有变形和压印、伤痕

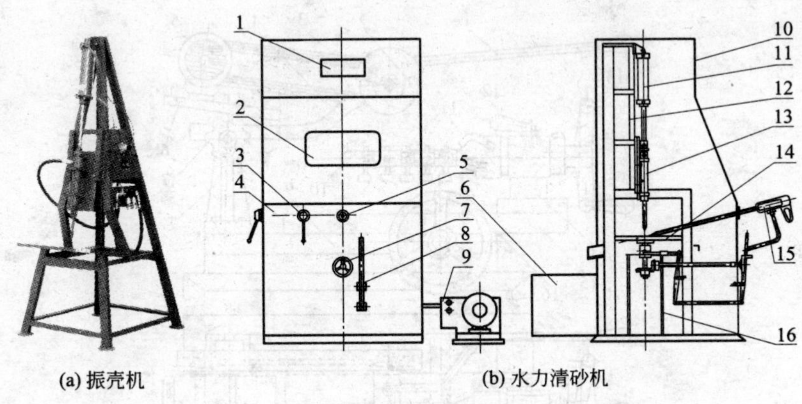

(a) 振壳机　　(b) 水力清砂机

图 2-29 脱壳机

1—标牌；2—观察窗；3—气镐操纵阀；4—气缸操纵阀；5—高压枪水口；6—水箱；7—工作台回转机构；8—工作台升降机构；9—高压水泵；10—外包装；11—气缸；12—机架；13—气镐；14—工作台；15—高压水枪；16—工作台支架

(2) 切割浇冒口和磨内浇口 常用（切割浇冒口）的方法见表 2-54。表 2-55 是用砂轮机切割浇口的操作要点，表 2-56 为气割浇口的操作要点。切割后铸件上浇口余根要小于等于 2mm。为去除内浇口余根尚需用砂轮磨平，操作见表 2-57。

表 2-54 切割浇冒口的方法

切割方法	特　点	应　用
气割	使用灵活、便于切割结构复杂的浇注系统和厚大断面，切割效率较高，但切面不平整，浇口余根较长，切口处硬度增高	适用于碳钢，低合金钢件
砂轮	切口平整、切割效率较高，但噪声大，需配置除尘和防护装置，设备见图 2-30	适用于合金钢、碳钢、高温合金、钛合金、铜合金中小铸件
锯切	切口平整，切割硬度不高的金属时效率高，劳动条件较好	适用于铝、铜合金铸件
压力、冲击切割	在装有专用环形刀片的液压机或冲剪机上将铸件浇注系统冲压断，切割效率高、切口一致，但内浇道必须采用易割缩颈(易割浇道)	适用于采用易割缩颈内浇道的小型熔模铸件

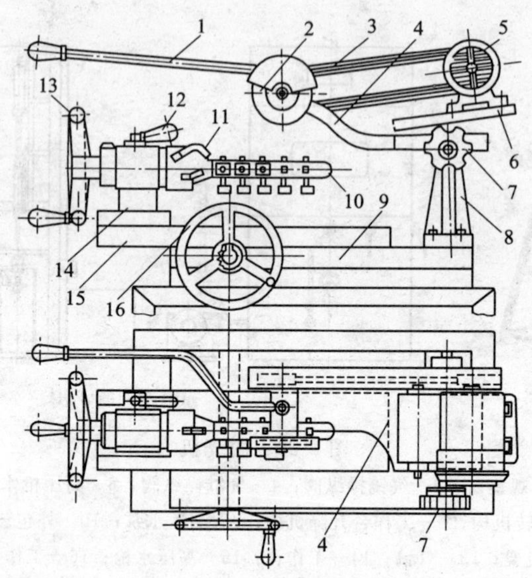

图 2-30 专用的砂轮切割机

1—手柄；2—砂轮片；3—传动带；4—连杆；5—电动机；6—支撑板；7—异形螺母；8—托架；9—底板；10—铸件组；11—夹爪；12—制动手柄；13—传动轮；14—夹具；15—托板；16—操纵轮

表 2-55 砂轮机切割浇口操作要点

序号	名 称	操 作 要 点
1	人员准备	穿戴好劳动保护服装等
2	设备准备	检查设备防护罩是否完好。安装并紧固砂轮锯片，然后开机空转1～2min，看设备是否处于正常工作状态，注意观察切割片旋转是否平稳，停机
3	固定铸件组	将铸件组固定在机器适当位置上，一定要固定住。若有困难可用木板等夹垫，防止滑动
4	切割	开动砂轮切割机将浇道和铸件分开，切割时希望垂直于内浇口方向进行，铸件上内浇口余根≤2mm
5	初检分类	目视检查，把切断后的浇道、铸件和有明显缺陷（浇不足、缩孔等）废品分开。铸件放在指定框中，浇道和废品按合金种类分放在不同箱中

表 2-56 气割浇口操作要点

序号	名 称	操作要点
1	设备准备	认真检查乙炔瓶、氧气瓶、割具等安全后才能开始操作。按程序点燃割枪，调整火焰
2	准备铸件组	将待割铸件组摆正方向，以保证不割伤铸件
3	切割	切割时应尽量缩短内浇口残余长度，避免返工再割
4	初检分类	目视检查，把切断后的浇道、铸件和有明显缺陷的废品分开放在指定框、箱中，注意浇道和废品应按钢号分类存放

表 2-57 磨内浇口操作要点

序号	名称	操作要点
1	准备	检查设备通风系统是否正常
2	设备调整	调整托板与砂轮的间隙至 3～5mm，并将托板紧固牢，用手转动砂轮一周，确认无问题时，再启动砂轮机正常运轮 2～3min 后，方可开始工作
3	磨内浇口	打开吸尘器，用专用工具夹持或手持铸件，靠在托板上打磨残余浇口和修磨铸件焊补处
4	铸件初查	磨过内浇口残留高度平面＜0.2mm、弧面＜0.1mm。合格铸件按规定分类装箱

(3) 表面清理 是要清除铸件外表面与内腔的粘砂、氧化皮等，需对铸件进行抛丸、喷砂或化学清理称表面清理。为防止清理造成铸件表面粗糙和精度降低，高质量铸件只采用喷砂或化学清理，不采用抛丸清理。

① 抛丸清理。抛丸清理是利用高速旋转的抛丸器叶轮将铁（钢）丸抛到铸件表面，清除残砂和氧化皮，此法效率高，但会恶化铸件表面粗糙度和精度。抛丸清理机有滚筒式、履带式、转台式和吊钩式几种，其中转台和吊钩式抛丸清理机铸件间无碰撞，铸件损失较少，如图 2-31、图 2-32 所示。另外，精铸件用铁（钢）丸直径应小些，＜0.5mm，或 0.3～0.4mm。表 2-58 是抛丸清理操作要点。

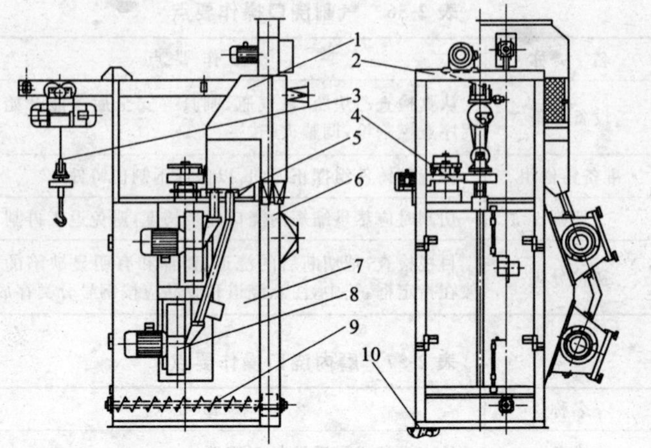

图 2-31 Q376B 型吊钩式抛丸清理机

1—分离器；2—导轨支架；3—电葫芦；4—吊钩式自传装置；5—弹丸控制系统；6—提升机；7—抛丸室；8—抛丸器总成；9—螺旋输送机；10—地基

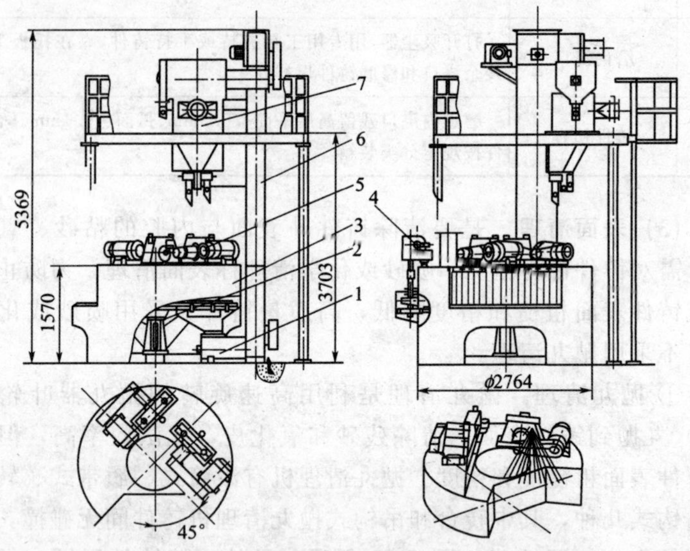

图 2-32 转台式抛丸清理机

1—螺旋输送机；2—转台结构；3—清理室；4—传动机构；5—抛丸器总成；6—提升机；7—分离器

表 2-58 抛丸清理操作要点

序号	名 称	操 作 要 点
1	设备准备	检查设备运转情况是否正常，钢丸最大直径<0.5mm，清理不锈钢件时，最好采用不锈钢丸
2	装铸件	按规定将铸件装到抛丸机设备中或将铸件组装在吊具上，注意每次抛丸的铸件大小及清理难度要基本一致[①]
3	抛丸清理	按设备操作规定进行抛丸清理，抛规定时间后，停机
4	取出铸件	取出清理好的铸件
5	清理、检查设备	工作完毕后，认真检查叶片、抛头、护板等部件的磨损情况，如磨损严重，必须及时更换。抛丸机集尘器应经常清扫和整理

① 对有细孔的铸件，孔内型壳难以清除时，抛丸前可用水泥钻头将孔中型壳钻一通孔，以利于抛丸清理。

② 喷砂清理。将砂在压缩空气作用下干态或湿态高速喷到铸件表面以清除残砂和氧化皮的方法称喷砂清理。它能清理大小不同的铸件，湿喷砂不但不恶化铸件表面粗糙度，还有表面光饰作用。表 2-59 是喷砂机主要工艺参数及适用范围。喷砂操作过程与抛丸相似：检查设备、将铸件放入喷砂设备、喷砂、取出铸件、清理设备及场地。

表 2-59 喷砂机主要工艺参数及适用范围

喷砂的方法	材 料	粒 度	喷射压力 /MPa	适用范围
干喷砂	硅砂或刚玉砂	20/40 筛号	0.3～0.6	铸钢、低合金钢和高温合金
	硅砂	40/70 筛号	0.1～0.15	非铁合金铸件
湿喷砂	整形砂或玻璃砂	80/100 筛号	0.2～0.3	铸钢、耐热合金有特殊要求的铸件
	碳化硅砂	120/220 筛号	0.1～0.15	非铁合金和有特殊要求的铸件

③ 化学清理是用碱或酸与型壳反应，来破坏砂粒间的黏结以达到清砂效果。主要的化学清理方法有碱煮、碱爆、电化学清理等。

碱煮法是将铸件放入苛性钠或苛性钾溶液中加热煮沸，让型壳

黏结剂中的 SiO_2 与碱生成硅酸钠或硅酸钾的液体，从而使残砂与铸件分离。常用的碱煮滚筒见图 2-33，表 2-60 是碱煮清洗的工艺参数，表 2-61 是碱煮清理操作要点。

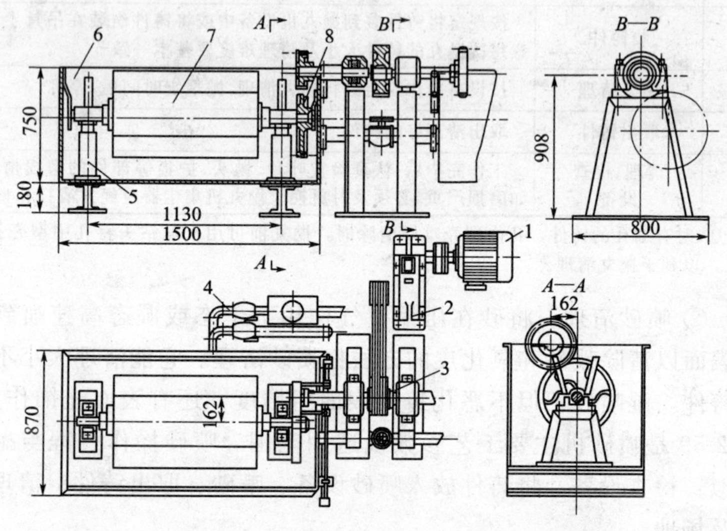

图 2-33 碱煮滚筒

1—电动机；2—减速箱；3—带轮；4—蒸汽管；5—支架；6—碱液槽；7—滚筒；8—大齿轮

表 2-60 碱煮清洗工艺参数

序号	用途	碱煮			时间/h	中和与清洗
		碱液	温度/℃	每千克型壳碱液消耗量/kg		
1	清除碳钢铸件表面粘砂	w(NaOH)20%～30%	沸腾	0.8～1	4～8	热水清洗
		w(KOH)40%～50%		1.3～1.4	4～8	
2	清除合金钢铸件表面粘砂	w(NaOH)15%～25%		0.8～1	4～8	氧化铬 90g＋硫酸 30g＋氯化钠 1.2g＋水 1kg，温度：18～28℃，时间：2～3min 中和处理后再用流动清水冲洗铸件

表 2-61 碱煮清洗操作要点

序号	名 称	操 作 要 点
1	准备	检查设备是否正常，碱煮槽内碱溶液量和浓度是否正常
2	装铸件	将铸件装入滚筒内，最大装载量为滚筒容积的 1/2，扣紧进出口盖，用行车吊起后轻稳放置于机械传动装置上，用螺栓紧固。注意吊入时要严防碱液溅出伤人
3	碱煮	向碱煮槽内通蒸汽，加热碱煮液达 100～110℃沸腾，启动电动机开始工作，4～8h
4	清洗	停止蒸汽加热，松开紧固装置，用行车将滚筒吊起并轻放置于专用支架上，注意吊出时要防止碱液溅出伤人。将之吊入清洗槽内，打开蒸汽阀门，加热清洗液达 80～100℃，清洗 30min
5	取出铸件	吊出滚筒，松开进出盖，将铸件倒入产品箱中。检查铸件，如铸件上有残留型壳和硅酸盐尚未去除，应重新碱煮或清洗

碱爆法是把带残砂的铸件放在高温（500～520℃）高浓度 $w(NaOH)90\%\sim95\%$ 溶液中煮，当型壳中 SiO_2 与苛性钠生成熔融玻璃状物时，将铸件迅速置于水中，产生的高压蒸汽造成爆炸，从而使铸件上残砂脱除。其效率比碱煮清理高，特别对铸件深孔和复杂内腔的残砂清理效果好。图 2-34 为碱爆清理装置，表 2-62 为碱爆清理工艺参数。

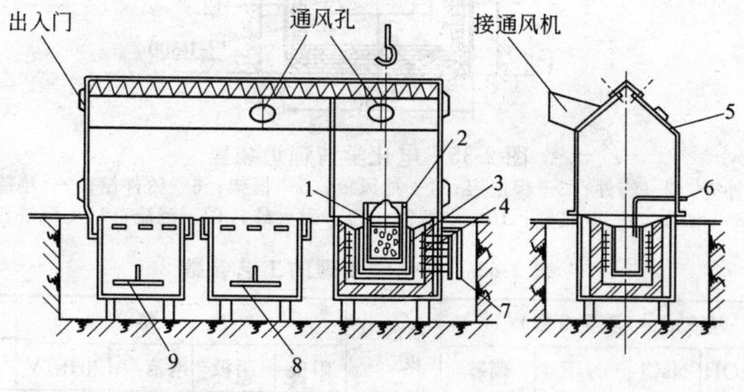

图 2-34 碱爆清理装置

1—铸件吊筐；2—捞渣盘；3—溶液槽；4—电阻加热炉；5—防护罩；6—热电偶；7—电源接线；8—冷水槽；9—热水槽

表 2-62 碱爆清理工艺参数

碱煮						水爆	
碱液 $w(NaOH)$	温度/℃	每吨铸件耗碱量/kg	保温时间/min 铸件单重			水槽温度/℃	清洗水温/℃
			<1kg	1~5kg	>5kg		
90%~95%	500~520	40	25~30	30~50	50~60	室温	70~90

电化学清理是将铸件置于一定浓度的沸腾的碱性溶液中，铸件料框接阴极，坩埚壁接阳极，通低压直流电，通过一系列化学反应清除铸件残砂，清理时间短。图 2-35 为电化学清理炉装置，表 2-63为电化学清理工艺参数。

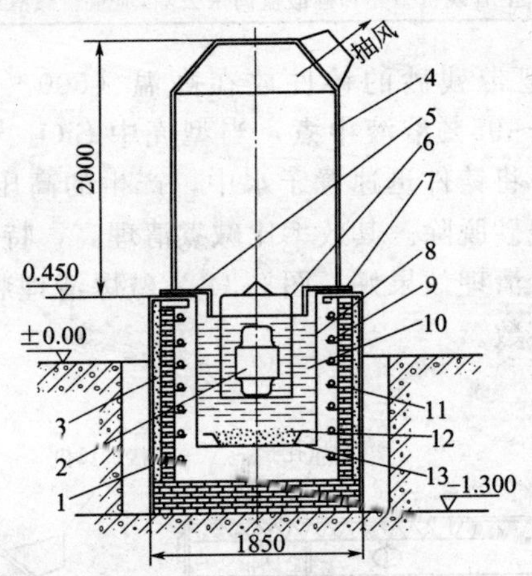

图 2-35 电化学清理炉装置

1—外壳；2—铸件；3—保温层；4—抽风罩；5—框架；6—铸件筐；7—绝缘物；8—坩埚；9—电热丝；10—电解液；11—耐火硅；12—沉渣；13—沉渣盘

表 2-63 电化学清理的工艺参数

序号	碱液成分(质量分数)/%				槽液温度/℃	电解				清洗
	NaOH	NaCl	NaF	硼砂		阳极	阴极	电流/A	电压/V	
1	89~90	10~15	—	—	400~500	坩埚	铸件筐	800~1200	6~12	冷水或热水清洗 6~8min

续表

序号	碱液成分(质量分数)/%				槽液温度/℃	电解				清洗
	NaOH	NaCl	NaF	硼砂		阳极	阴极	电流/A	电压/V	
2	75~95	—	1~15 (2.5最佳)	1~5 (2.5最佳)	400~500	坩埚	铸件筐	电流密度4~6A/cm²	2~6	冷水或热水清洗

2.5.2 铸件修补

铸件上某些缺陷经修补后可以满足铸件的技术要求，在经济上合理，可进行铸件修补。修补的方法有很多，一般铸件上有较大孔洞缺陷可采用焊补，铸件上存在与表面连通的细小孔洞可采用浸渗处理，重要铸件内部有疏松等缺陷可用热等静压处理。这里只讲使用最多的焊补方法。焊补有气焊、电弧焊、钨极氩弧焊，设备及应用如表2-64所示。铸件焊补操作要点如表2-65。

表2-64 补焊方法及设备

补焊方法	设备	特点及应用范围
气焊	排水式中压乙炔发生器Q3-1、Q4-5	设备简单、操作方便，但焊接质量较差。适用于静止条件下工作的低碳钢和铜合金铸件的补焊
电弧焊	漏磁式交流弧焊机BX1-330、整流式直流弧焊机ZXG-300、旋转式直流弧焊机AX-320	设备简单、操作方便，适用于在静止、冲击或振动载荷下工作的碳钢、低合金钢、不锈钢铸件的补焊
钨极氩弧焊	交流手工氩弧焊机NSA-300-1、NSA-400、直流手工氩弧焊机NAS-300、直流手工脉冲氩弧焊机WSE-160、WSE63	用氩气保护进行焊接，电弧热量集中，热影响区小，焊接质量高，适用于在各种载荷下工作，要求焊缝坚固紧实的不锈钢、铝、钛、高温合金等铸件的焊补

表2-65 铸件焊补操作要点

序号	名称	操作要点
1	清理缺陷部位	①将铸件缺陷处粘砂、氧化皮、油垢和水等清理干净 ②开出坡口，一般用U形、V形坡口，有穿透裂纹时开X形坡口

续表

<table>
<tr><th>序号</th><th>名称</th><th>操作要点</th></tr>
<tr><td>2</td><td>预热铸件</td><td>为减少铸件焊补时产生的应力和变形,铸件需预热后焊补:铸钢150～500℃、铝合金350～450℃、铜合金(气焊)400～450℃、(电弧焊)200～350℃。对低碳钢和低合金钢件结构简单、缺陷较小时可不预热,高锰钢一般也不预热。中碳钢和高合金钢需预热</td></tr>
<tr><td>3</td><td>烘干焊条</td><td>低氢型的低碳钢焊条在250℃烘1～2h,不锈钢焊条在250℃烘2h,低合金钢和堆焊焊条在250℃以上烘2h,或按制造厂推荐的规范烘干</td></tr>
<tr><td>4</td><td>补焊</td><td>尽可能使铸件焊补部位处于水平位置,便于操作。为防止铸件产生裂纹或变形,可根据缺陷大小采用不同的焊接方法:直接法、逆向法、跳焊法、分步法、环形法、堆焊法等。多层焊时,每焊一层后可适当敲击、以减小内应力。焊缝或周围如存在气孔、裂纹,应立即清理重焊。补焊时应合理选择焊条直径及焊接电流,不同钢用焊条直径与电流如下:
<table>
<tr><td colspan="2">焊条直径/mm</td><td>2.5</td><td>3.2</td><td>4.0</td><td>5.0</td><td>6.0</td></tr>
<tr><td rowspan="5">焊接电流/A</td><td>碳钢焊条</td><td>50～80</td><td>100～210</td><td>160～210</td><td>200～270</td><td>260～300</td></tr>
<tr><td>低碳钢焊条</td><td>60～90</td><td>90～120</td><td>140～190</td><td>190～220</td><td>—</td></tr>
<tr><td>奥氏体不锈钢焊条</td><td>50～80</td><td>80～100</td><td>110～150</td><td>160～200</td><td>—</td></tr>
<tr><td>铬不锈钢焊条</td><td>—</td><td>80～120</td><td>120～160</td><td>160～200</td><td>—</td></tr>
<tr><td>堆焊焊条</td><td>60～100</td><td>80～140</td><td>130～190</td><td>190～240</td><td>220～260</td></tr>
</table>
高锰钢应在水淬后补焊
<table>
<tr><td colspan="2">焊条直径/mm</td><td>2.5</td><td>3.2</td><td>4.0</td><td>5.0</td><td>6.0</td></tr>
<tr><td rowspan="5">焊接电流/A</td><td>碳钢焊条</td><td>50～80</td><td>100～210</td><td>160～210</td><td>200～270</td><td>260～300</td></tr>
<tr><td>低碳钢焊条</td><td>60～90</td><td>90～120</td><td>140～190</td><td>190～220</td><td>—</td></tr>
<tr><td>奥氏体不锈钢焊条</td><td>50～80</td><td>80～100</td><td>110～150</td><td>160～200</td><td>—</td></tr>
<tr><td>铬不锈钢焊条</td><td>—</td><td>80～120</td><td>120～160</td><td>160～200</td><td>—</td></tr>
<tr><td>堆焊焊条</td><td>60～100</td><td>80～140</td><td>130～190</td><td>190～240</td><td>220～260</td></tr>
</table>
</td></tr>
<tr><td>5</td><td>清理</td><td>铸钢件可用锤敲除熔渣,并用钢丝刷消除残留熔渣。铝合金件可用60～80℃热水或含2%～3%铬酐热水冲洗或清洗,用金属丝刷刷除熔渣</td></tr>
<tr><td>6</td><td>热处理</td><td>补焊后一般需热处理:结构钢500～700℃回火;ZG1Cr18Ni9Ti 1050℃固溶处理;ZG1Cr13、ZG2Cr13 1050℃淬火,750℃回火;ZGCr17Ni2 680℃回火,空冷;铜合金在200℃炉内缓冷或450～550℃退火;钛合金550～650℃退火,铝合金重新热处理</td></tr>
</table>

2.5.3 铸件精整

铸件经清砂、初检合格后，还需进行精细修整、矫正、光饰和表面处理以达到技术要求，这些工序称精整。

① 修整是将铸件上冒口、工艺筋余根、表面毛刺、铸瘤、疤痕等细小缺陷，或修补部位、或局部超差尺寸进行打磨。一般使用砂带磨光机，风动砂轮磨头、风动异型旋转锉及各种锉刀进行。

② 矫正是因为复杂而薄壁的铸件在生产过程中往往会发生变形，矫正是这类铸件必须的工序。表 2-66 是铸件矫正方法和设备与工装，矫正时不得损伤铸件本体，矫正量大的铸件应经消除应力的退火处理。

表 2-66 铸件矫正方法

矫正方法			设备与工装
冷矫	手工矫正	手工敲击 杠杆或丝杠加压 千斤顶拉伸	台钳 专用矫正夹具 矫正测具
	机械矫正	压力机加压 专用矫正设备	油压机式摩擦压力机 专用矫正设备
热矫	加热后在专用模具中矫正 加热后压力矫正		矫正模及夹具 油压机或摩擦压力机

③ 当铸件表面粗糙度尚不能达到技术要求时，可对铸件进行光饰加工。铸件光饰的方法有：液体喷砂、机械抛光、振动光饰、离心光饰、磨粒流光饰、电解光饰等。

④ 钝化是将铸件进行化学处理让表面活性点失去活性而呈钝态的过程，它能提高铸件耐磨性，使铸件保持金属光泽。以美国 304、316 不锈钢为例，其钝化工艺流程为：抛丸、冲洗、酸洗、冲洗、抛丸、冲洗、钝化、冲洗、碱洗、冲洗、光整、冲洗、热水洗、吹干等工序。

⑤ 铸件可用防锈水或防锈油脂防锈。常用的为防锈水防锈，处理工艺流程为：抛丸或喷砂、酸洗、冲洗、清洗、吹干、防锈

处理。

2.5.4 铸件热处理

铸件铸态晶粒比较粗大，而且内部存在应力，尤其是结构复杂或经过矫正的铸件内应力就更大。因此，铸件需经热处理，利用固态相变来改变合金组织，消除内应力，提高力学性能。表 2-67 是铸钢热处理类型、目的、适用范围。各种不同合金，不同的热处理其热处理温度和冷却方法均不相同。热处理操作要点见表 2-68。

表 2-67 铸钢热处理类型、目的、适用范围

类型	规范、目的	适 用 范 围
退火	加热到 A_{c3} 以下 20～30℃，保持一定时间，随炉缓慢冷却 目的：细化组织、改善切削性能，为最终热处理作准备	所有牌号铸钢
正火	加热到 A_{c3} 以下 30～50℃，保持一定时间，在空气中冷却 目的：细化组织、改善铸态组织的均匀性，提高力学性能	铸钢及低合金钢
均匀化	加热到 A_{c3} 以上 120～200℃，保持一定时间，后空气冷却 目的：消除组织偏析、促使组织均匀化，改善冷、热加工性能	高碳钢和中、高合金钢
淬火	加热到 A_{c3} 以下 20～30℃，保持一定时间，在水、油或盐中快速冷却 目的：提高硬度，保证回火后满足力学性能要求	碳钢、低合金和高合金钢
回火	加热到 A_{c1} 以下，保持一定时间，空冷或炉冷 目的：消除淬火应力，改善钢的韧性和塑性，获得所需的综合力学性能	碳钢、低合金和某些高合金钢
固溶处理	加热到 A_{c3} 以上较高温度，保持一定时间，随后快速冷却 目的：溶解碳化物或其他在奥氏体中的析出相，获得单相组织	奥氏体不锈钢、奥氏体化锰钢或沉淀硬化钢

续表

类型	规范、目的	适用范围
沉淀硬化处理	加热到 A_{c1} 以下,保持一定时间,随后冷却 目的:促使第二相沉淀析出,提高钢的强度和硬度	含铜的低合金钢、奥氏体耐热钢和含低合金的奥氏体锰钢
消除应力处理	加热到 A_{c1} 以下 100～200℃,保持一定时间,随后慢冷 目的:消除铸造应力、淬火应力和机械加工应力,稳定尺寸	碳钢、低合金或高合金钢

表 2-68 热处理操作要点

序号	名称	操作要点
1	检查设备	检查设备、控制柜及仪表等
2	升温	调整仪表至所需温度,送电升温
3	装铸件	将待处理铸件装入处理筐中,高度须低于筐顶 80～100mm,注意应防止热处理时铸件变形
4	铸件入炉	先断电,打开炉门,将装好铸件的筐送入炉中,操作应安全、平稳、迅速
5	升温、保温	关严炉门,送电升温至规定温度,并在恒温下保温规定时间。此时不得开启炉门或人为断电
6	铸件冷却	断电,按热处理规范规定的冷却方式及工艺参数完成铸件冷却
7	检查	取样测铸件硬度,合格后送下工序。铸件热处理后硬度不合格时,允许重新进行热处理,但不得超过三次,热处理每炉应有记录

2.6 熔模铸件缺陷分析

2.6.1 缺陷种类

熔模铸件是精密铸件，要求高，而熔模铸造工序多，每一个工序达不到要求均可造成缺陷。根据缺陷的形貌特征分为八类，见表 2-69。下面选部分与操作关系较大的缺陷加以讲述。

表 2-69 熔模铸件缺陷

序号	缺陷种类	具体缺陷名称
1	多肉类缺陷	毛刺飞边、金属刺(黄瓜刺)、龟裂纹(脉纹)、金属豆、鼓胀(胀砂)、掉砂(多肉)、跑火
2	孔洞类缺陷	气孔、缩孔、缩松、缩陷
3	裂纹冷隔类缺陷	热裂、冷裂、冷隔、铸件脆断
4	表面缺陷	粘砂、夹砂和鼠尾、凹陷、橘子皮、结疤(癞蛤蟆皮)、麻点
5	残缺类缺陷	浇不到(欠铸)
6	形状及重量差错类缺陷	尺寸不合格、铸件尺寸超差、变形、型芯偏位
7	夹杂类缺陷	夹渣(渣孔)、砂眼
8	性能、成分、组织不合格	化学成分不符合要求,力学性能不符合要求,表面脱碳

2.6.2 多肉类缺陷

(1) 毛刺、飞边 是铸件有凸出于表面的毛刺，形状近直线或折线。常位于铸件边缘、转角、棱角处，有时也位于平面上，见图2-36。形成毛刺飞边的原因是型壳开裂，金属液钻入开裂处造成的。

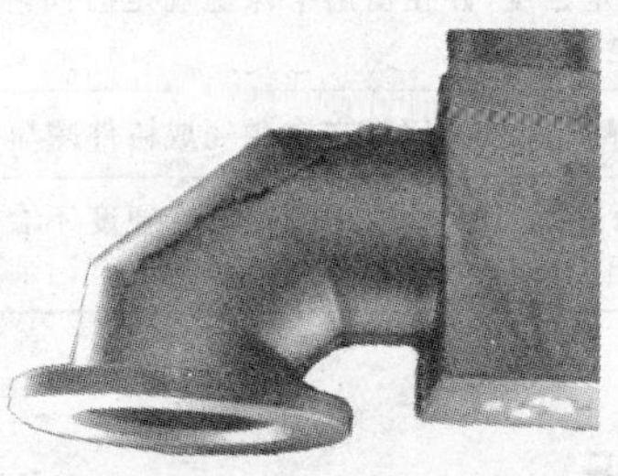

图 2-36 毛刺飞边

防止措施：

① 防止型壳强度低开裂，为此应保证型壳原材料质量、涂料质量合格，制壳工艺正确。如各处要均匀涂上涂料、撒上砂，水玻璃型壳表面层应有硬化前干燥，硅溶胶型壳面层不应干得过快等。

② 防止脱蜡时型壳开裂，如脱蜡时间过长等。

(2) 金属刺（黄瓜刺） 是铸件表面上有分散或密集的短小金属刺，俗称黄瓜刺。

它是由于型壳面层不致密，有很多孔洞，浇注时金属液流入孔洞中造成金属刺缺陷。型壳面层不致密的原因是：

① 涂料与蜡模润湿性差，撒砂后耐火砂将涂料吮起，在型壳表面形成蚁孔，如图 2-37 所示；

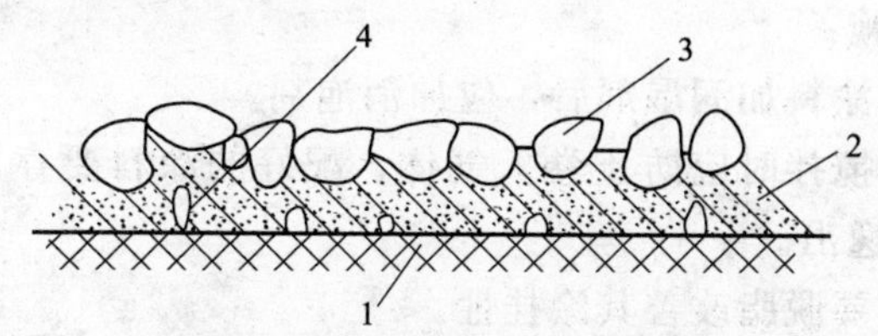

图 2-37 型壳表面蚁孔形成示意图

1—熔模；2—涂料；3—砂粒；4—蚁孔

② 面层涂料粉液比过低；

③ 面层涂料质量不合格；

④ 撒砂不当。

防止措施主要为：

① 清洗蜡模，在面层涂料中加定量的润湿剂和消泡剂。

② 面层涂料黏度合适，保证涂料应有足够高的粉液比和涂层厚度。

③ 面层涂料应充分搅拌和回性后使用。

④ 面层撒砂不可过粗。

(3) 龟裂纹（脉纹） 是铸件表面上有凸出的网状条纹。这是由于型壳面层干得过快而形成的龟裂纹，见图 2-38。

硅溶胶型壳铸件易产生此缺陷。防止措施为：面层制壳间温度应保持均匀一致，湿度 60%～70%、无风或微风，避免正对型壳吹风。

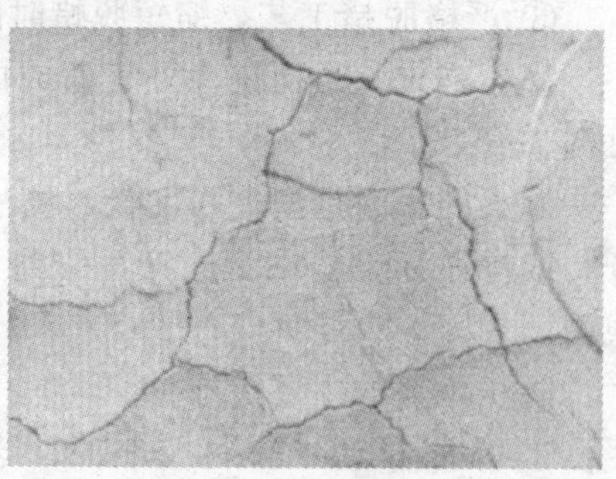

图 2-38 型壳面层龟裂

(4) 金属豆（外渗豆） 是铸件表面有凸出的球形金属珠，常出现在铸件凹槽或拐角处。

形成原因是面层涂料含气泡，或上涂料时在件凹槽和拐角处没涂好，留有气泡。浇注时金属液进入气泡中形成铸件表面的金属豆。

防止措施：

① 面层涂料加润湿剂后，应加消泡剂。

② 涂料搅拌时应防止卷入气体，配好的涂料要存放足够长的时间让气体逸出。

③ 熔模要脱脂改善其涂挂性。

④ 对熔模拐角、凹槽处上涂料后应用毛笔刷一下或压缩空气吹一下。

(5) 鼓胀（胀砂） 是铸件局部鼓出，鼓出处较粗糙，常伴有飞边、毛刺，如图 2-39 所示。水玻璃型壳所制铸件，这种缺陷多于硅溶胶型壳铸件。

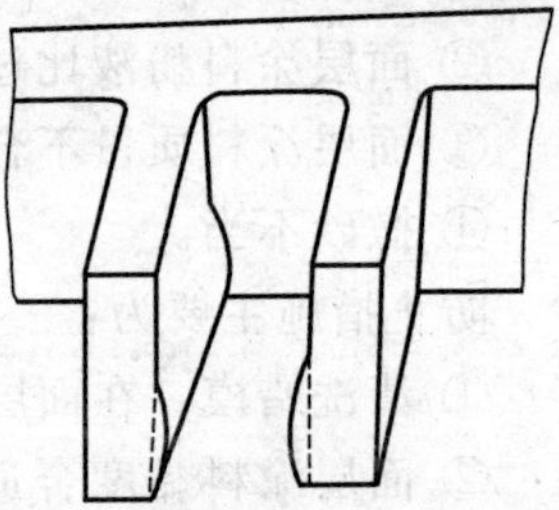

鼓胀产生原因主要是型壳强度低，在脱蜡或浇注时型壳局部变形造成的。

图 2-39 鼓胀

防止的主要措施：

① 严格控制型壳原材料质量和制壳工艺，确保型壳质量，如涂料应涂均匀，防止局部堆积，型壳要干燥、硬化透等。

② 适当增加型壳层数。

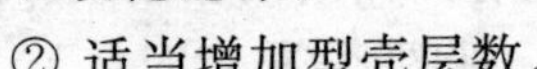

③ 严格脱蜡工艺，缩短脱蜡时间。

(6) 跑火 是指铸件外表面或内腔有形状不规则的多余金属，见图 2-40。

跑火的原因是型壳强度低，浇注时金属液冲击力使型壳局部裂开；或操作和运输中型壳产生裂纹，浇注时金属液顺裂口流出造成的。

防止跑火的主要措施：

① 从原材料、涂料及制壳工艺上严格控制，防止型壳强度不足。

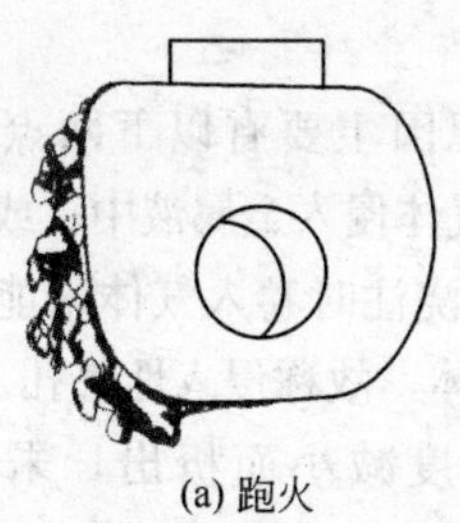
(a) 跑火

(b) 内腔跑火

图 2-40 跑火

② 控制好脱蜡工序，防止型壳开裂。

③ 运输、焙烧过程中避免型壳碰撞。

④ 对有较小孔和凹槽的铸件，必要时可在型壳孔、槽处采用黏度低的涂料、撒细砂，并用压缩空气吹去多余涂料和气泡，保证型壳均匀、密实无孔隙。或制完 1、2 层后，在孔中填满干砂，再用料浆封口，或用自硬陶瓷浆料封口。必要时可采用陶瓷型芯。

2.6.3 孔洞类缺陷

(1) 气孔 是指铸件上存在着光滑的孔洞缺陷，如图 2-41 所示。有时只在铸件个别部位，以单个或几个尺寸较大孔存在，又称集中气孔或侵入性气孔［图 2-41(a)］，有时在铸件上有细小而分散或密集的光滑孔眼，孔眼呈小圆孔，直径为 0.5～2mm 或稍大，

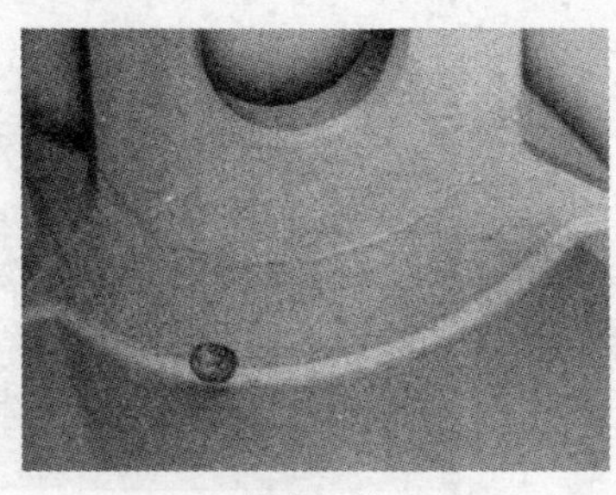
(a) 集中气孔

(b) 分散性气孔

图 2-41 气孔

在最后凝固处或整个截面都有［图 2-41(b)］，又称分散性气孔或析出性气孔。

气孔是熔模铸造最常见的缺陷。产生原因主要有以下两点。

① 型壳焙烧不充分，浇注时产生的大量气体侵入金属液中；或型腔中气体未能排到型壳外，而进入金属液中，或浇注时卷入气体未能排出金属液。总之是外界气体进入金属液形成的气体，故称侵入性气孔。

② 金属液中含的气体随温度下降溶解度减小而析出，未能在铸件凝固前上浮到铸件外，而造成的气孔，故又称析出性气孔。

防止气孔的措施也是围绕着两方面：防止气体侵入铸件、防止金属液含气过多。具体措施：

① 型壳焙烧要充分。

② 浇注时要平稳不断流和卷气。

③ 熔炼炉料应无锈、无油、干燥，重熔料比例不能过多。

④ 熔炼温度不可过高，时间不能过长，金属液面上要加覆盖剂，防止吸气。

⑤ 熔炼时脱氧要充分。

⑥ 浇注前金属液应适当静置便于气体逸出，浇注时要防止金属液卷入气体和二次氧化。

(2) 缩孔、缩松 是铸件内部或表面出现形状不规则的孔壁粗糙的孔洞，孔洞表面上常可看到有明显的树枝晶末梢，较大的称缩孔［图 2-42(a)］，细小而分散的称缩松［图 2-42(b)］。常出现在

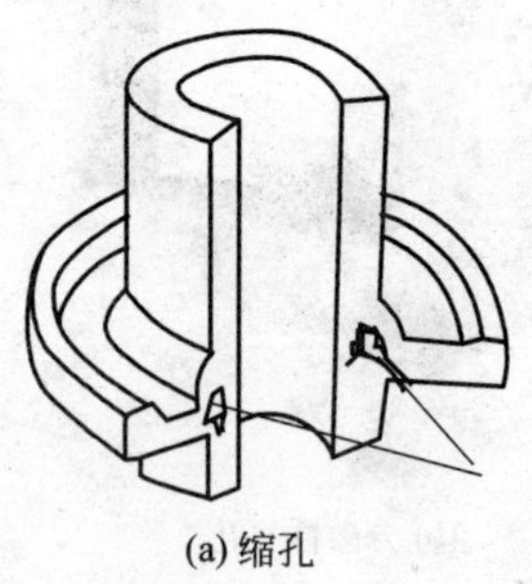

(a) 缩孔

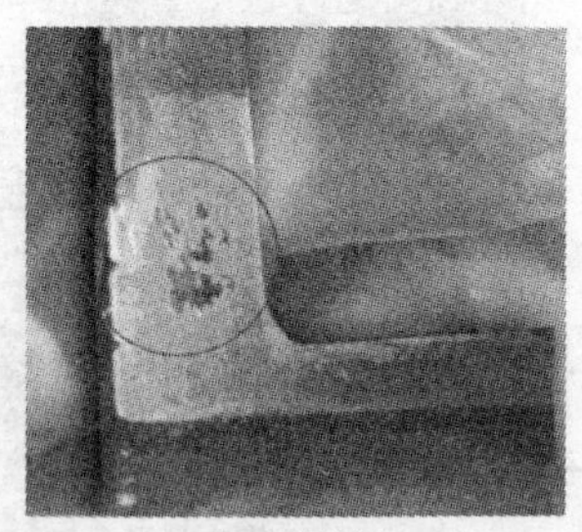

(a) 缩松

图 2-42 缩孔和缩松

铸件热节处。

产生原因：金属液在液态收缩或凝固收缩时得不到补缩就会形成缩孔、缩松。

防止措施：应合理改进铸件结构、设置浇冒口系统、适当降低浇注温度、改进熔炼工艺等。对于熔炼、浇注操作人员要严格按工艺规范执行。

2.6.4 其他缺陷

(1) 麻点 是铸件脱壳后表面上有许多分散的暗黑色圆形丘疹，喷砂和喷丸清理后，丘疹处铸件表面形成许多圆形浅洼斑点，为凹坑，称麻点缺陷。它常出现在不锈钢铸件上。凹坑直径为0.3～0.8mm，深0.3～0.5mm。未清理前浅凹坑中充满着熔渣物质，故呈暗黑色丘疹。

形成原因：麻点是金属液中氧化物（Cr_2O_3、MnO 等）与型壳材料（SiO_2、Fe_2O_3、FeO 等）发生化学反应形成的，熔渣含硅酸铁、铁铬尖晶石 $FeO \cdot Cr_2O_3$ 等。

防止措施：

① 防止和减少金属氧化。尽量采用快速熔炼以减少金属氧化，熔炼温度不可过高，脱氧要充分。在还原性气氛下进行浇注，如浇注后立即在红型壳上放少许蜡屑、废油等，随即扣上铁皮桶形成还原性气氛，让铸件凝固。

② 面层型壳耐火材料杂质要严格控制。

③ 适当降低浇注温度和型壳温度，加快铸件冷却速度等。

(2) 砂眼 是铸件表面或内部有充塞着砂粒的孔眼。这也是熔模铸造常见的缺陷之一。

防止铸件砂眼的措施有：

① 浇口棒应清洁，不粘有砂粒等杂物。

② 模组焊接处不应有缝隙和沟槽。

③ 脱蜡前应将型壳浇口杯边缘修平，去除散砂，最好在浇口杯边缘涂一层涂料，防止散砂。或采用图 2-43 的翻边浇口杯，型

壳制成后沿 A—A 面切断型壳，这样的型壳边缘处涂料与撒砂不容易掉到直浇道中。

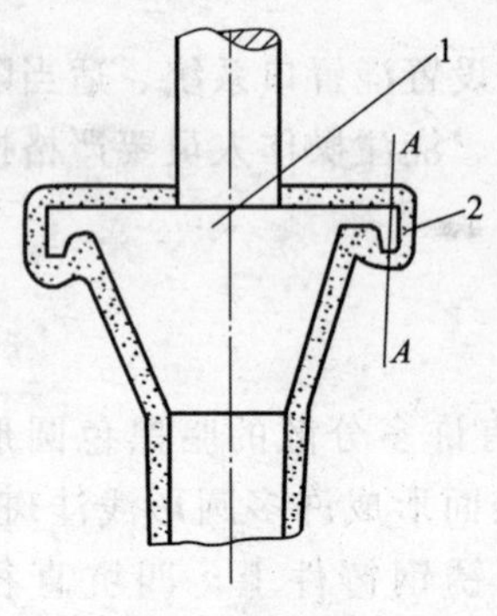

图 2-43 翻边浇口杯
1—模样；2—型壳

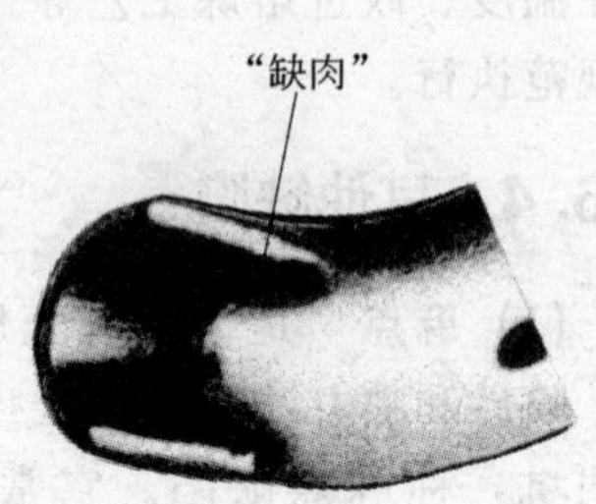

图 2-44 浇不到

④ 热水脱蜡时水不能沸腾，防止将砂带入型腔。另外，应经常清除脱蜡水中的砂粒。

⑤ 型壳焙烧时要防止杂物掉到型壳浇道中，如直浇道最好向下等。

⑥ 浇注前应用压缩空气吸出型壳中散砂等。

(3) 浇不到（浇不足） 是铸件局部未被充满，造成铸件“缺肉”，如图 2-44 所示。

防止措施：

① 适当提高金属液浇注温度和型壳温度。

② 浇注速度不可过慢，浇注中不可断流。

③ 型壳焙烧应充分。

④ 正确设计浇注系统，保证足够的压头高度等。

第 3 章 消失模铸造技术

3.1 概述

3.1.1 消失模铸造工艺及特点

消失模铸造是把涂有耐火材料涂层的泡沫塑料模型放入砂箱，模型四周用干砂或自硬砂充填紧实，浇注时高温金属液使泡沫塑料模型热解“消失”，金属液从而占据模型退出的空间，最终获得铸件的方法称消失模铸造，工艺过程示意图见图 3-1。

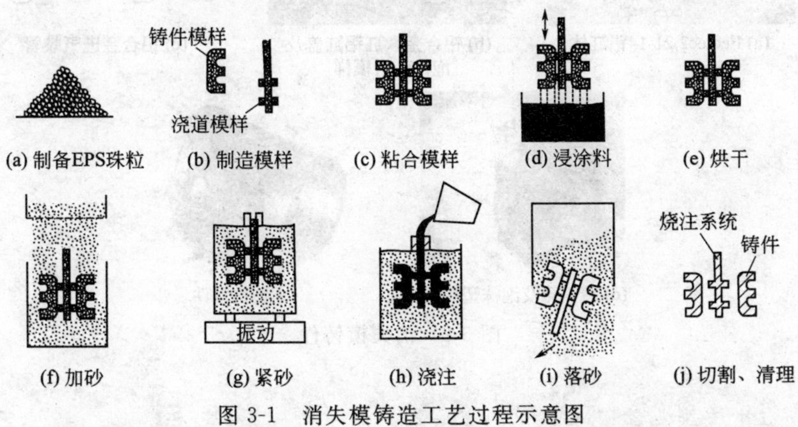

图 3-1 消失模铸造工艺过程示意图

消失模铸造的优点是：所生产的铸件精度较高；可先将几个泡沫塑料模样粘接后铸造，以生产复杂铸件；方法污染少，是一种先进的铸造工艺。

3.1.2 消失模铸造发展

1958年美国 H. F. Shroyer 申请了用泡沫模样代替木模生产铸件的专利，1962年该法在工业生产中得到应用。五十年来发展迅速，先用于单件、小批量生产中，20世纪80年代后开始应用于汽车等大量生产中。

我国消失模铸造发展也很迅速，2008年用消失模生产的铸件产量世界第一。厂点数有几百家，有的厂家可年产3万吨消失模铸件，生产的产品有箱体类铸件、缸体、缸盖、管件等。

3.1.3 应用

消失模铸造适用于结构复杂的、大中小、较精密的各种合金铸件，生产批量不限。图3-2是一些消失模铸造生产的铸件。

(a) Ecotec2.21-14铝缸体

(b) 铝合金六缸铝缸盖及泡沫塑料模样

(c) 铝合金进气歧管

(d) 铸铁箱及泡沫塑料模样

(e) 铸铁管件

图3-2 消失模铸件

3.2 泡沫塑料模制造

泡沫塑料模制造是消失模铸造的第一步，也是关键的工序之一。合格的泡沫塑料模是生产合格铸件的前提。泡沫塑料模它决定着铸件的形状和尺寸，同时，它也影响着铸件内部质量。因为泡沫塑料模燃烧的产物（气体、液体、固体）如不能及时被排出型腔外，而进入铸件中，就会使铸件生产气孔和夹杂等缺陷。

为保证铸件质量，对泡沫塑料模要求：

① 形状正确、尺寸准确、表面光洁；

② 具有一定的强度和刚度，以保证生产过程中模样形状尺寸稳定；

③ 模样的密度要低（0.016～0.025g/cm^3），以减少浇注时模样燃烧产物，保证金属液能顺利成型，不产生缺陷；

④ 模样不含杂物及干燥无水等。

3.2.1 模样材料

生产中使用的泡沫塑料模样材料有聚苯乙烯 EPS、共聚料 STMMA，两者性能不同，使用范围也不相同。

(1) 聚苯乙烯 EPS 是碳氢聚合物，图 3-3 是其分子结构式，由 92%碳和 8%氢组成的长链状分子。在其外表面包覆着一层戊烷发泡剂，又称可发泡聚苯乙烯，为保证发泡模型质量，对原材料有下列要求：

① 发泡剂含量 5%～7%，以得到低密度模样；

② 有足够的分子量（18 万～27 万），使低密度模样有一定的强度和刚度；

③ 粒径合适，为铸件最小壁厚的 1/10～1/9，使发泡模样表面光洁，即发泡模样的壁厚至少有三个珠粒组成；

④ 不含杂质和水分等。

聚苯乙烯 EPS 在加热过程中先由固态转变为熔融态，继续加热会产生高分子聚合物解聚、低分子聚合物裂解，从理论上讲，如完全燃烧会生成 CO、CO_2 和 H_2。但铸造条件下，模样被砂填充在砂箱中，处于半密闭状态，不可能完全燃烧。浇注铝合金铸件时，铝液温度仅 750℃左右，聚苯乙烯分解的主要产物是液态；浇注铸铁和铸钢件时，金属液温度在1350～1600℃，聚苯乙烯将分解出大量气体、但同时会产生大量固体碳。固体碳将造成铸铁件碳缺陷，铸钢件表面增碳。

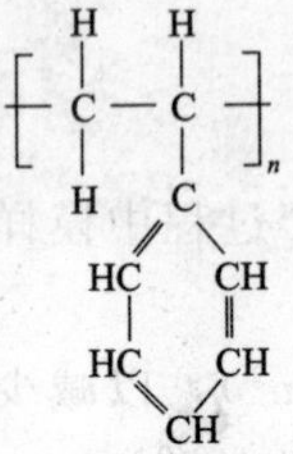

图 3-3 聚苯乙烯 EPS 分子结构式

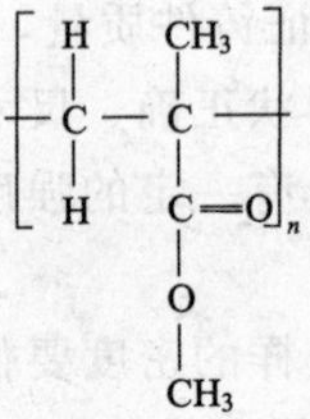

图 3-4 聚甲基丙烯酸甲酯 EPMMA 分子结构式

(2) 共聚物 STMMA 是为了解决铸铁件碳缺陷和铸钢件增碳缺陷研制的新材料。它是聚苯乙烯 EPS 和聚甲基丙烯酸甲酯 EPMMA 的共聚料。图 3-4 是聚甲基丙烯酸甲酯的分子结构式，每一个甲基丙烯酸甲酯中只有 5 个碳原子，含碳量为 60%，同时还含有两个氧原子，能与分解出来碳化合成 CO。因此，EPMMA 和 EPS 不同，高温时分解产物主要为气体，固相产物和残留物很少，有利于消除碳质缺陷。但 EPMMA 发气量大，如涂料等质量不佳，易造成气孔缺陷。因此，用 EPMMA 和 EPS 的共聚料 STMMA 来生产铸件，以达到不产生碳质缺陷，又不产生气孔的目的。

(3) 模样材料的选择 见表 3-1。

表 3-1 模样材料的选择

材料种类	性能				成本	应用
	外观	发泡剂	发气量	残碳量		
聚苯乙烯 EPS	无色半透明珠粒	戊烷	量少，速度慢	多	低	铝合金、铜合金、灰铁、一般钢铸件
共聚料 STMMA	半透明乳白色珠粒	戊烷	居中	居中	高	球铁、低碳钢、低碳合金钢及不锈钢件
聚甲基丙烯酸甲酯 EPMMA	乳白色珠粒	甲基戊烷	量大，速度快	少	高	与共聚料相同，国内少用

3.2.2 模样制造方法

泡沫塑料模样制造方法有两类：板材加工成型和发泡成型。单件或小批生产的模样采用板材加工成型。大量生产和成批生产则多采用发泡成型。

① 板材加工成型是选择密度合格的、厚度合适的板材作为原材料，用与制造木模相似的方法制模型。即通过划线后，用机械加工（铣、锯、车、刨、磨或电热丝切削）或手工加工将板材加工成所需模样的各个部分（块），然后用黏结剂把它们胶合装配成整体泡沫塑料模。

② 发泡成型制模需要经过多个工序，整个工艺流程见图 3-5。

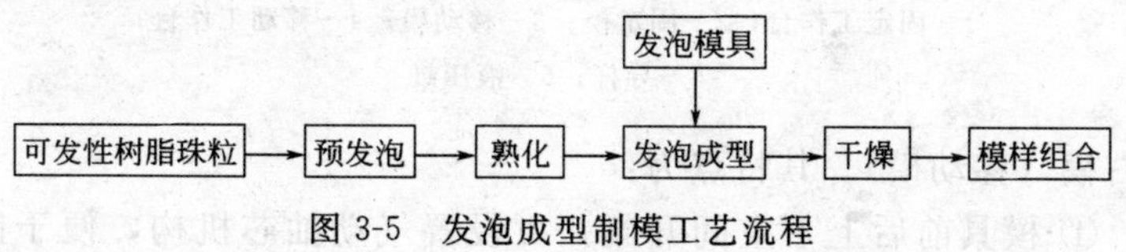

图 3-5 发泡成型制模工艺流程

3.2.3 发泡成型设备

发泡成型设备有两类：成型机、蒸缸。对于大批量生产，中大型泡沫模样，多采用成型机成型；中小生产批量、小型模样则可采用蒸缸成型。

(1) 成型机 按其开模方向分为立式成型机和卧式成型机，如图 3-6 所示。

立式成型机开模方式为水平分型，模具分为上模（移动模具）和下模（固定模）。其特点是：

① 模具拆卸和安装方便；

② 模具内便于安放活块和嵌件；

③ 易于手工取模；

④ 占地面积小。立式成型机又有简易式和自动控制式。

卧式成型机的开模方式为垂直分型，模具分为左模（固定模）

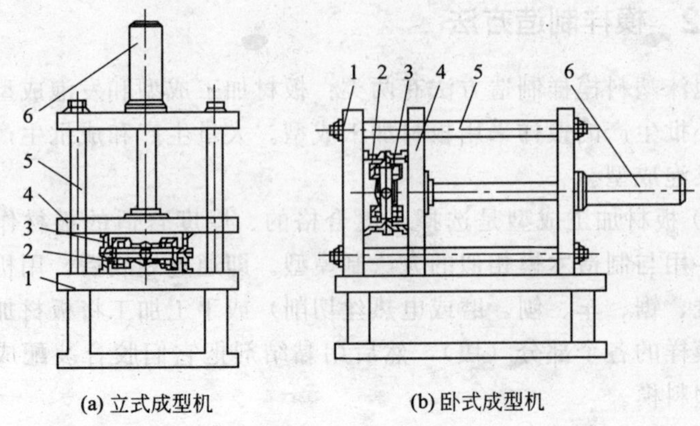

(a) 立式成型机　　(b) 卧式成型机

图 3-6 成型机示意图

1—固定工作台；2—固定模；3—移动模；4—移动工作台；5—导杆；6—液压缸

和右模（移动模）。其特点为：

① 模具前后上下空间开阔，可设置气动抽芯机构，便于制造有多个抽芯结构的复杂泡沫模样；

② 模具中的水和气排放顺畅，有利于泡沫模样的脱水和干燥；

③ 生产效率高，易实行电脑全自动控制；

④ 结构较复杂，价格较高。

(2) 蒸缸成型装置 图 3-7 是手动蒸缸结构图。手动蒸缸又分

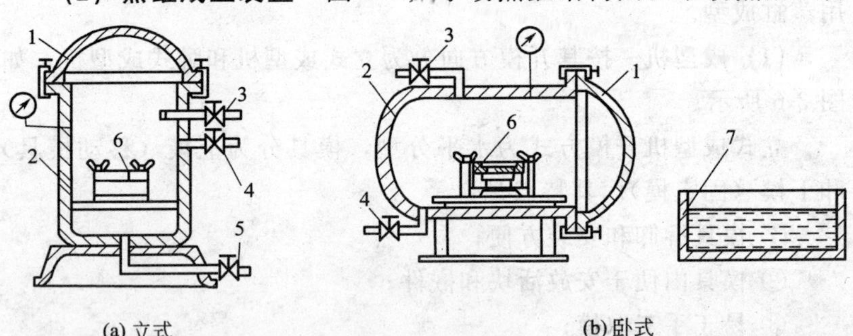

(a) 立式　　(b) 卧式

图 3-7 手动蒸缸

1—缸盖；2—缸体；3—进气阀；4,5—排气阀；6—模具；7—冷却水箱

立式和卧式两种，结构简单，投资少，可自制。由工人控制成型工艺，但制模劳动强度较大。

机械蒸缸也有立式和卧式两种。图 3-8 为立式机械蒸缸，可用立式成型机改造而成。它是将几副模具放在工作台上，然后关闭蒸缸；开动控制程序，完成加热，喷水冷却等工序；开启蒸缸，手工取出模具，取出模样。与成型机成型相比，蒸汽对模具的加热是从外向里，难以形成穿透泡沫模样的蒸汽流，在厚实断面中心易产生冷凝水，影响珠粒融合。从而发泡时间比带气室的成型机制模长得多，仅用于小模样和浇道的制作。

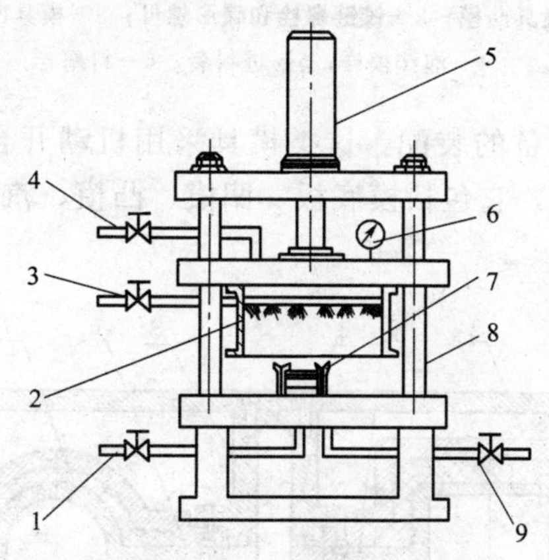

图 3-8 立式机械蒸缸

1—进气阀；2—蒸缸；3—冷却水箱；4—排气阀；5—液压缸；6—压力表；7—模具；8—导杆；9—排水阀

3.2.4 发泡模具

发泡模具是决定模样质量最主要的因素，同时也影响着生产效率和劳动强度。发泡模具有两类：蒸缸模具和成型机模具。两类相比蒸缸模具相对结构要简单些，图 3-9 为一半球壳体的蒸缸模具。蒸缸模具常用于手工取模，劳动强度较大，成型机模具较为复杂，除有形成模样的型腔外，还需有汽室、有完成汽室的模柜和模板，

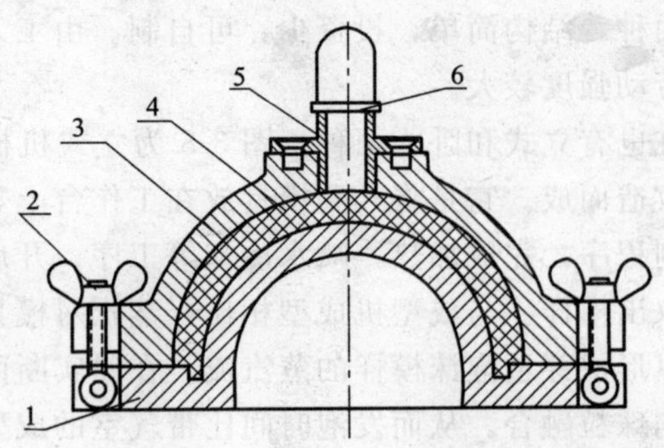

图 3-9 半球壳体的蒸缸模具

1—模具凸模；2—铰链螺栓和碟形螺母；3—模具凹模；4—泡沫模样；5—进料套；6—料塞

要考虑与成型设备的装配，这类模具采用机动开合。图 3-10 是一成型机模具结构，它包括模底板、凹模、凸模、汽室模柜、模具底板等。

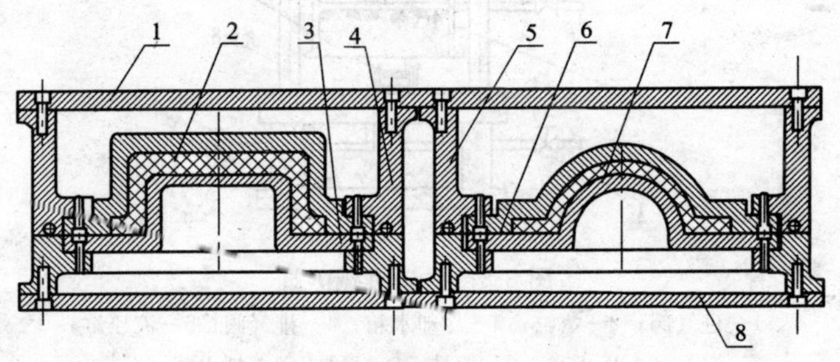

图 3-10 成型机模具结构

1—上模共用模底板；2,6—模具凹模；3,7—模具凸模；4,5—模具汽室模柜；8—下模共用模底板

3.2.5 发泡成型

发泡成型工艺包括：预发泡、熟化、发泡成型、干燥、模样组合几个工序。

① 预发泡是使珠粒发泡，由实心形成空心，达到所要求的低

密度。以发泡聚苯乙烯为例，在80℃时，聚苯乙烯开始软化，发泡剂戊烷钻入珠粒内部形成气泡核心，蒸汽也向泡孔内渗透，孔进一步涨大，直到孔内外气压相等时，珠粒才停止胀大。预发泡前聚苯乙烯密度为600～650kg/m^3，预发泡后珠粒密度可达到15～30kg/m^3。

预发泡机有两类：连续式和间歇式。铸造用发泡材料量不大，质量要求高，多采用间歇式预发泡机。图3-11是一种间歇式预发泡机，蒸汽由下而上，珠粒从上方斗中加入，由上而下与蒸汽接触发泡，从下部排出预发后的珠粒。国内中小厂采用的预发泡机一般桶ϕ500mm×600mm，一次投料1～2kg，搅拌机转速30～250r/min，最大蒸汽压力0.03MPa，最高温度145℃，发泡倍率40～60倍。用蒸汽预发的珠粒含水量高，需干燥去除水分。

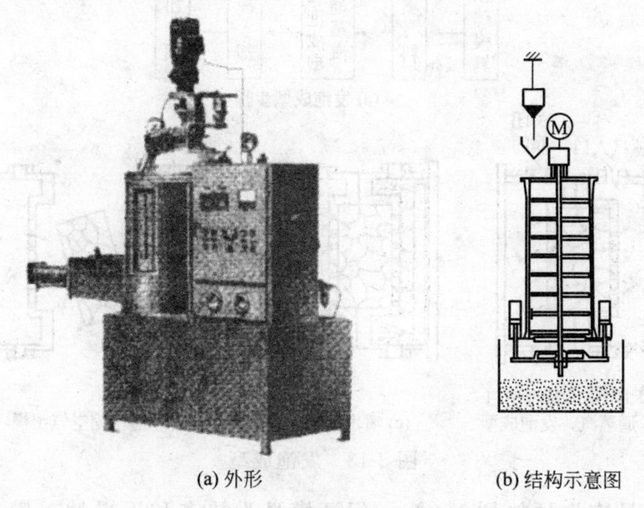

(a) 外形　　(b) 结构示意图

图 3-11　间歇式预发泡机

② 熟化：预发泡的珠粒取出后，因骤冷发泡孔中发泡剂和渗入蒸汽冷凝，使泡孔内形成真空，如立即送去发泡成型，珠粒将被压扁，模样质量很差。必须贮存一个时期，让空气渗入泡孔中，让内外压力平衡，使珠粒富有弹性，以便终发成型。这个存放过程称

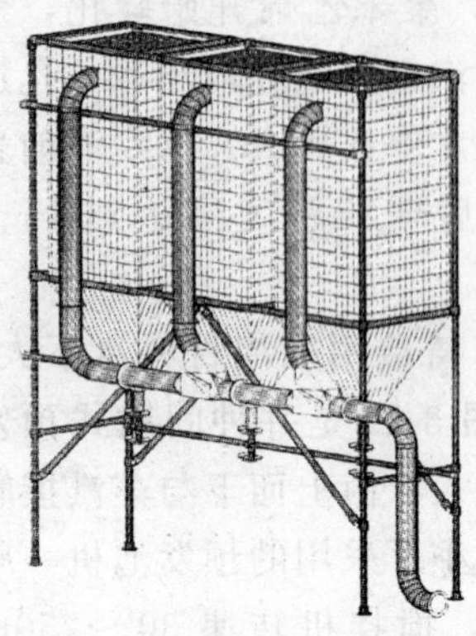
图 3-12 熟化仓结构图

熟化处理。

熟化处理是将预发泡珠粒放在图3-12的熟化仓中，在20～25℃温度下存放一定时间。聚苯乙烯EPS预发泡珠粒熟化时间2～10h。

③ 发泡成型：是将熟化后的珠粒填充到模具中，用成型机或蒸缸加热发泡，得到与模具形状和尺寸一致的模样，又称终发泡。细看发泡成型分为五步：预热模具、填料、通蒸汽发泡成型、冷却、出模，如图3-13所示。

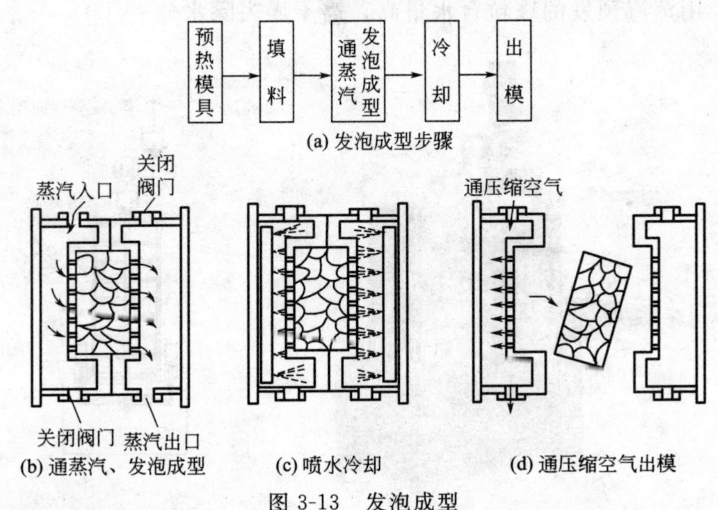

(a) 发泡成型步骤
(b) 通蒸汽、发泡成型
(c) 喷水冷却
(d) 通压缩空气出模

图 3-13 发泡成型

模具应先预热到100℃，保证模具为热态和干燥的。模具预热不足，上有残存水分会导致模样空隙和孔洞，发泡不充分，模样表面质量不良。

填料是获得优质模样的重要环节，由于预发时珠粒的发泡量已接近终发量，所以填料必须填满模具，不然会造成模样残缺不全。填料是否顺利与模具上加料枪设置位置和数量、模具排气等有关。

工厂中一般采用料枪射料，图 3-14 为手动料枪，靠人工操作，利用压缩空气在吹嘴的喷射作用产生负压，将珠粒通过料管吸到枪中，再通过注料嘴射入模具型腔。气动料枪可配制在半自动和自动成型机上，自动完成射料过程。

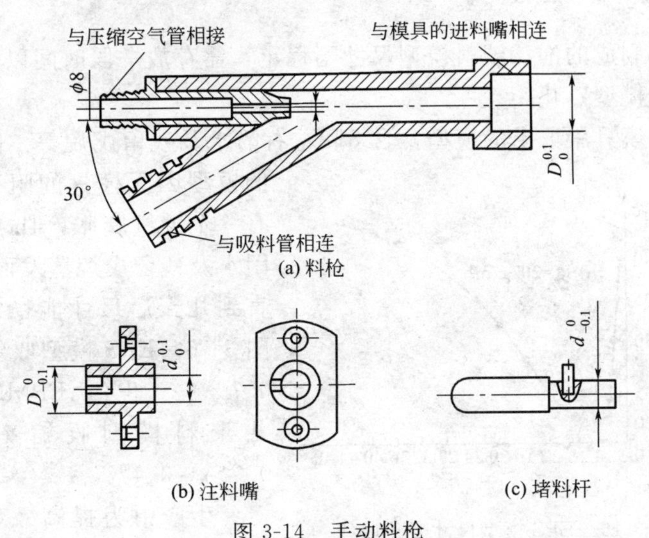

图 3-14 手动料枪

预发珠粒填满模具型腔后，通入 0.1～0.15MPa 的蒸汽到［图 3-13(b)］左蒸汽室，蒸汽通过模具壁上的气塞进入型腔中珠粒间空隙，然后经过右模具壁气塞到右气室排出。为保证质量，再从右气室进气，左气室排气，逆向流动一次。再左右气室同时进气，不产生型腔内蒸汽流动，热压一次，就可得到发泡均匀、表面光洁、密度轻的发泡模样。

模样出模前要采用喷水冷却方法将模具冷却到 40～50℃，以抑制出模后模样继续长大、将模样降温至发泡材料软化点以下，硬化定形如图 3-13(c) 所示。

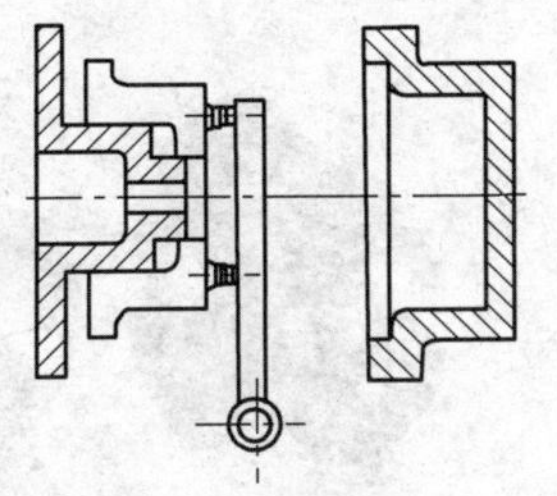

图 3-15 真空负压吸盘取模示意图

除很简单的模具能自动出模，或用手轻轻取出，大多数情况下为使模型不损坏，都需有出模措施，如用压缩空气吹出模型［见图 3-13(d)］、真空负压吸出模型、机械顶出模型等，或以上方法联合使用。图 3-15 是用真空负压吸盘取模示意图。

3.2.6 模型熟化

刚制成的泡沫塑料模型尺寸不稳定，需存放一段时间以稳定尺寸，称模型熟化。

从模具中取出的模型常含 8%左右的水及残留戊烷等。刚取出的模型因无模具的阻碍，会有一个继续膨胀，4h 后开始因水及残留戊烷蒸发而收缩，直到几天后尺寸能稳定，见图 3-16。EPS 模型收缩率为 0.7%～0.9%，EPMMA 和共聚料模型收缩率约为 0.2%～0.4%。

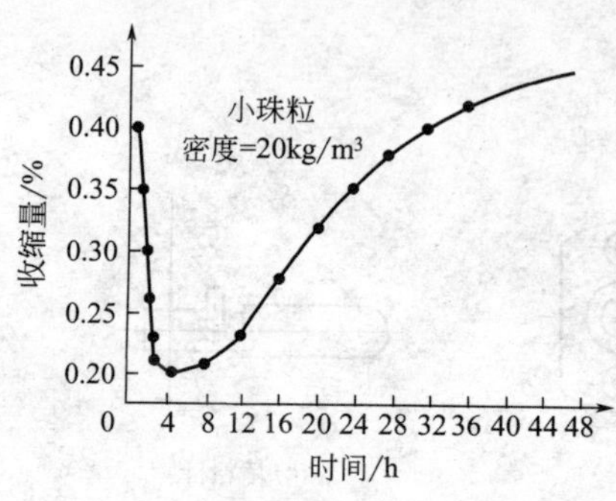

图 3-16 EPS 模型尺寸变化曲线

生产中为提高效率，常采用人工熟化，即将泡沫塑料模型存放在 50～70℃的炉内，5～6h 快速完成熟化任务。

3.2.7 模样的粘接（组装）

复杂的泡沫塑料模样，往往不能一次成型，而需将模样分片成

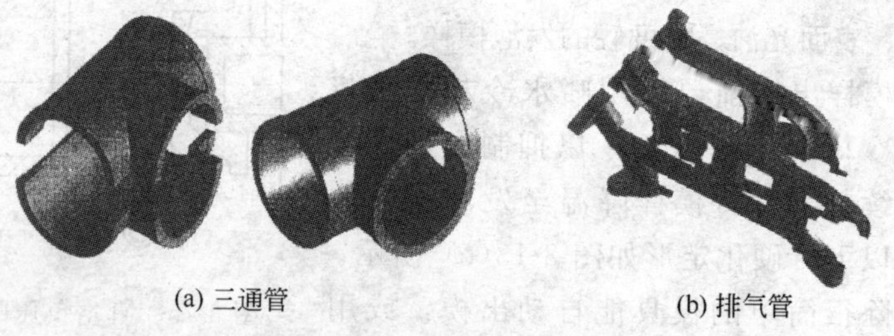

(a) 三通管 (b) 排气管

图 3-17 泡沫模样的分片

型，见图 3-17。三通管模样分成两片，排气管模样分成三片。

分片制作的模样最终需粘接成整体模样。

生产中不少废品是由粘接缝质量问题引起的，为保证铸件质量对黏结胶有下列要求：

① 形成的粘接缝应有足够的室温和高温强度；

② 胶要干得快，便于组织生产；

③ 胶对铸件无有害影响，应用量要少，易气化、液固相残留物少；

④ 胶能很好充满接缝以防止涂料和砂子进入缝中造成夹渣缺陷；

⑤ 粘结胶应无毒、对模样无腐蚀作用。

现用的粘结胶有热粘胶和冷粘胶两类。

热粘胶具有粘接速度快、初粘强度高的优点，但使用温度范围较窄，需采用随形涂胶板将热熔（粘）胶印刷到泡沫模片的粘合面

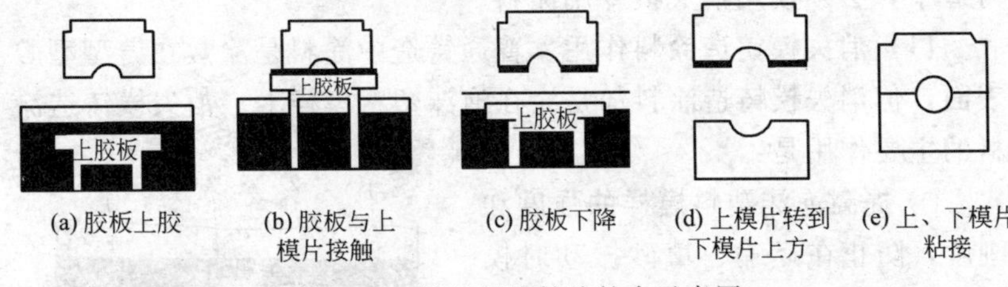

(a) 胶板上胶　(b) 胶板与上模片接触　(c) 胶板下降　(d) 上模片转到下模片上方　(e) 上、下模片粘接

图 3-18　模片用热粘胶粘合示意图

(a) 冷黏结剂

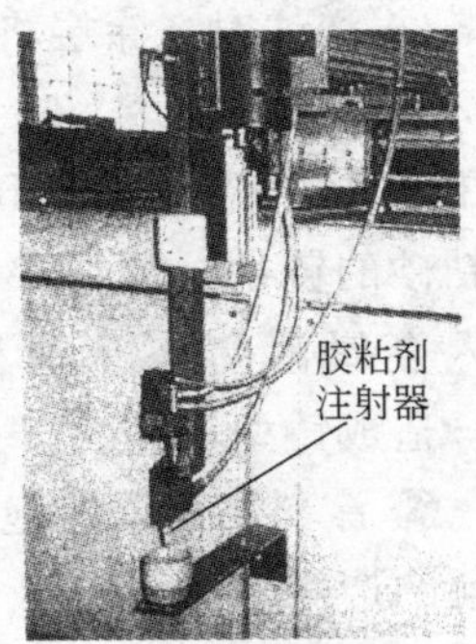

(b) 涂胶机械手

图 3-19　冷粘接机

上，并靠上下胎模实现快速精确合模粘接，如图 3-18 所示。热粘接工艺不足之处是不适合起伏较大的折线面或曲线面黏合，另外耗电量较大，烟气影响环境。

冷粘胶可使用机械手将胶挤到粘接面上，如图 3-19 所示，可完成较复杂曲面泡沫模片的粘接，但粘接效率不如热粘高。

3.3 涂料及涂挂

3.3.1 涂料

涂料是消失模铸造中重要一环。消失模用涂料其使用和性能要求不同于一般的铸造涂料。不能简单地将一般铸造涂料用于消失模铸造中，必须使用消失模专用涂料。

（1）消失模铸造涂料作用 普通铸造中涂料是涂敷在铸型型腔表面，但消失模铸造涂料却是涂在泡沫塑料模样上。消失模铸造涂料的主要作用是：

① 提高泡沫塑料模样的强度和刚度，防止在运输、填砂振动时模样被破坏或变形。

② 浇注时，涂层将金属液和铸型分开（图 3-20），防止金属液渗入干砂中，以保证得到表面光洁，无粘砂的铸件，同时，又防止干砂流入金属液与泡沫塑料模的间隙中，造成铸型塌箱。

③ 涂料层要能让泡沫塑料模热分解的产物（气体或液体等）顺利地排逸到铸型中去，防止铸件产生气孔、碳缺陷等。

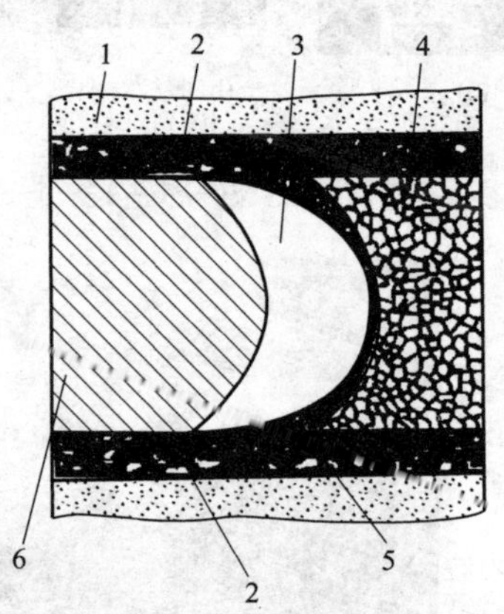

图 3-20 消失模涂料的作用

1—干砂；2—涂料；3—泡沫塑料的气态产物；4—泡沫塑料模样；5—泡沫塑料的液态产物；6—金属液

④ 在浇注铝铸件时，涂料还应具有良好的绝热性，防止因模样燃烧吸热造成铝液温度下降过快，而产生浇不足等缺陷。

(2) 消失模铸造涂料的性能 为起到以上作用，消失模涂料应具有强度、透气性、耐火度、化学稳定性、绝热性、耐急冷急热性、低吸湿性，好的清理性、涂挂性、滴淌性、悬浮性等性能。但最主要的应有足够高的强度和高透气性，同时有良好的涂挂性和不滴淌性。

(3) 消失模铸造涂料的组成 消失模涂料一般由耐火材料、黏结剂、溶剂、表面活性剂、悬浮剂、触变剂以及其他附加物组成。

耐火材料是涂料中的骨料，它决定着涂料的耐火度、化学稳定性和绝热性等。铸铝消失模涂料常用硅藻土、滑石粉等耐火材料；铸铁消失模涂料用硅砂（俗称石英砂粉）、铝矾土、高岭土熟料、棕刚玉等耐火材料；铸钢消失模涂料用硅砂、刚玉、锆砂、氧化镁等耐火材料。

为保证消失模涂料既有高强度又有高的透气性，要合理地选择有机和无机黏结剂。无机黏结剂（黏土、膨润土、水玻璃、硅溶胶等）可以保证涂层常温和高温强度，而有机黏结剂（糊精、淀粉、聚乙烯醇 PVA、聚乙烯醇缩丁醛 PVB、酚醛树脂等）常温下可以提高涂层强度，浇注后被烧失，又能有效提高涂层的透气性。

溶剂国内外多采用水，为使涂料能顺利涂挂在泡沫塑料模上，涂料中应加表面活性剂（润湿剂如 JFC 等），但 JFC 会使涂料发泡，最好再加入表面活性剂异丙醇作为消泡剂。同时常用膨润土、羧甲基纤维素钠 CMC 等提高涂料的悬浮性和触变性，又称悬浮剂或称触变剂、或称流变促进剂。使涂料涂在泡沫塑料模上后很快的可做到不淌不滴，以保证涂层厚度。因为消失模涂料中含有有机黏结剂等，保存中易发酵、腐败、变质，故需加防腐剂等附加物。

国内外均有消失模用商品涂料，可供工厂选用。不少工厂仍自配涂料使用。表 3-2 为一些资料提供的消失模涂料配方，供企业参考。

表 3-2 消失模涂料配方

适用金属	编号	配方(质量分数)/%
铸铁	1	铝矾土 90、硅砂粉 10、酚醛树脂 2、白乳胶 2、钙膨润土 3、洗衣粉 0.1、异丙醇 0.1、水适量
	2	硅砂粉 100、钠膨润土 6～8、CMC0.1～0.5、有机黏结剂 6～9、流变促进剂微量、表面活性剂微量、消泡剂微量、水适量
	3	硅砂粉 40 与铝矾土 60、GM-1 树脂 2、硅溶胶 3、铝膨润土 1、CMC1.5、平平加 0.3、减水剂 0.5、水适量
铸钢	4	锆砂粉 100、硅溶胶 4、酚醛树脂 2、乌洛托品 0.3、钠膨润土 1.5、松香 1、水适量
铝合金	5	铝矾土和硅砂粉(320 目)100、20%膨润土浆 10～12.5、2%CMC 浆 7.5、白乳胶＋BR 树脂 6、高温黏结剂 1、分散剂 0.4、保温材料 10～15、活性剂 0.1～0.3、防腐剂 0.2、消泡剂 0.2～0.4、触变剂 0.1～0.3

(4) 涂料的配制 消失模涂料的组成复杂，有些成分水溶性不好，加入量也不多，如配制不当，涂料性能将达不到要求，因此要重视涂料的配制工艺。

商品涂料进厂时有两种：粉状料和膏状料。粉状料的优点是运输方便、保存性好，随用随配。但考虑到粉状料中会含有各种有机、无机黏结剂、附加物，其中会有一些组分水溶性不好。因此，在配制粉状商品消失模涂料时，按比例加入粉状料和水后，一定要采用高速搅拌机长时间搅拌，以得到性能稳定、均匀的水基涂料。膏状消失模商品涂料由于商家已充分搅拌过，使用前只需加水稀释到使用所需稀稠程度就可使用，高速搅拌时间不用太长。

工厂自行配制涂料时，应先将膨润土制成浆，将各种水溶性不好的材料先配成液态，最后再按比例配涂料。表 3-3 是自配涂料操作要点。

表 3-3 自行配制消失模涂料操作要点

序号	名称	操作要点
1	配黏土浆	用 1 份膨润土加 10 份水，高速搅拌 6h，制成均匀的膨润土浆，待用。如使用的为钙膨润土，可同时加入 Na_2CO_3 进行活化处理，使钙膨润土变为钠膨润土

续表

序号	名称	操作要点
2	配有机材料液	对一些水溶性不好的有机物，如CMC等应先与水配成完全溶解的水溶液使用。以CMC为例，1份CMC加80℃以上热水10份，经长时间搅拌，配成完全溶解的水溶液待用
3	配涂料	按配方将黏土浆、预先配好的液体、耐火材料，各种黏结剂、附加物、水等在高速搅拌下混制成涂料，或用球磨、碾压的方法混制成涂料
4	涂料性能测定	用密度计(比重计)测定涂料的密度，或用容重法测定其密度，密度合格则可待用

3.3.2 涂料的涂覆及干燥

(1) 涂料的涂覆 消失模铸造上涂料的方法一般有刷、浸、淋和喷四种方法。单件小批量生产中大型模样可采用刷涂或喷涂法。批量较大、形状较复杂的小型模样选用浸涂法和淋涂法。对薄壁、易变形或易损坏的模型不能采用浸涂的，可采用喷涂法。实际生产中也可将几种方法结合使用。浸涂法生产效率高，涂层均匀。因此，批量较大的中小件大多采用浸涂法。

浸涂时，涂料应处于连续搅拌状态下。因为消失模铸造用涂料是有触变性的，即涂料在搅拌过程中其黏度下降，而停止搅拌后涂料的黏度就上升、变稠，见图3-21。从而在连续搅拌状态下上涂料，因涂料黏度低，易涂得均匀，而将模样从涂料桶中取出后，涂料由于不受搅拌其黏度上升而变稠，很快就停止流动，有利于涂料

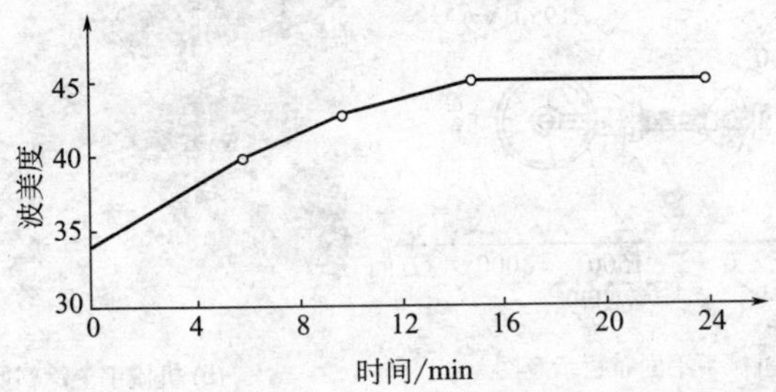

图3-21 消失模涂料停止搅拌后涂料黏度（波美度）变化

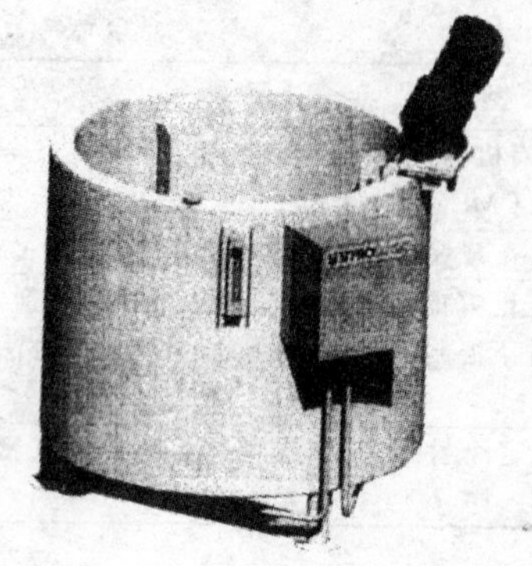

图 3-22 涂料搅拌桶

很快不再滴淌，得到一层一定厚度的涂层。但此时涂料搅拌不应快速，快速容易卷入空气中气体，而应慢速连续搅拌，如使用图3-22的搅拌桶，或椭圆形涂料桶等。

涂层厚度应根据铸件合金种类、结构、形状及尺寸大小来选定。涂层过薄，对模样保护作用小；但涂层太厚又会使涂层透气性差，模样燃烧产物难于排出，引起气孔等缺陷。国外资料介绍，涂层可为0.25～1.52mm之间，所浇金属液温度高、压头大时应采用较厚的涂层。涂挂次数最好1次，以提高生产效率。

有条件时，大批量生产可使用机械手上涂料如图3-23所示。机械手可直接夹持浇注系统（图3-23）或用卡具卡住模样［图3-23(b)］浸涂料。例如美国某公司使用机械手浸涂消失模涂料的工艺流程为：机械手将卡具运动到安装泡沫塑料模工位→人工装模样→机械手将卡具运动到涂料桶上方→缓慢将卡具下移，让模样完全浸入涂料中，静置40s→卡具缓慢上升，让模样高出涂料桶液面，静置40s→卡具缓慢下移，使模样完全浸入涂料中，静置40s

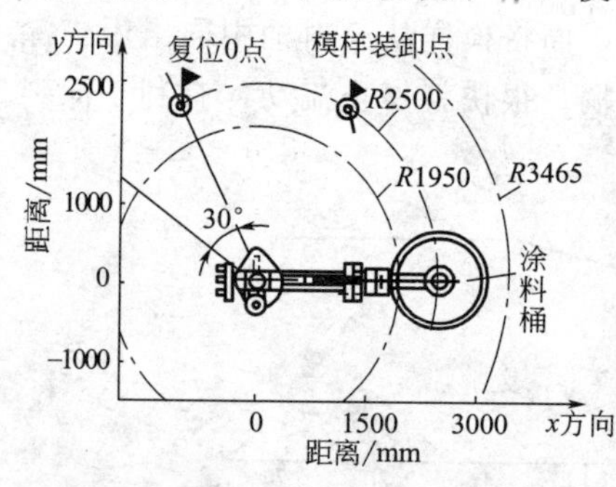

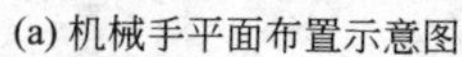
(a) 机械手平面布置示意图

(b) 机械手上涂料照片

图 3-23 机械手上涂料

→卡具缓慢上升，使模样底面高出涂料箱顶面，转动卡具，使多余涂料去除→卡具顺时针旋转70°，静置10s，去除多余涂料→卡具反时针旋转70°，静置10s，去除多余涂料→卡具上抬，运动到卸模样处→取下模样。手工作业时操作要点见表3-4。

表3-4 手工浸涂涂料操作要点

序号	名称	操作要点
1	涂料准备	检查涂料密度是否合适，涂料密度与要求涂层厚度相关，涂层厚度要求厚则涂料密度要高些，但密度过高，涂料流动性差，会使上涂料工作困难。涂料密度调整好后，应让涂料处于慢速搅拌状态下待用
2	手持模样	根据模样形状，正确确定手持方法和部位，防止模样变形，便于工人操作
3	上涂料	① 选择合适方向将模样缓慢浸入涂料中：对有大平面的模样，应使大平面为侧面浸入涂料；对有大孔的模样，应使大孔倾斜30°左右浸入涂料中。防止涂料对模样的浮力过大，造成模样变形 ② 模样完全浸入涂料中，适当的静止或旋转模样 ③ 缓慢取出模样，静止或旋转模样去除多余涂料 注意：上涂料时间不应太长，以防止模样浸在涂料中吸水过多而变形。涂料最好只上一次，对复杂件局部一次不易上全，可再上一次
4	送干燥	将上好涂料的模样选择合适的悬挂或放置方式，准备送干燥炉中干燥

(2) 模样涂层干燥 使用水基涂料上涂料后模样涂层要干燥。泡沫塑料模样涂层干燥受模样软化温度的限制，常采用低温烘干或常温干燥。大量生产中，如EPS模样常在40～60℃下，干燥2～10h。干燥方式有：热空气干燥、微波干燥、远红外线干燥等。除控制温度外，还应注意湿度，一般希望湿度不大于30%，这样干燥效果最好。

干燥时要注意模样的放置和支撑，防止模样变形。模样要干燥透，干燥后模样应放置在湿度较小的地方，防止吸潮，以待用。

3.4 造型

按造型材料不同，消失模铸造造型可分为干砂造型和有黏结剂的型砂造型两类。

3.4.1 干砂振动造型

干砂振动造型主要用于大量生产中小铸件中。

① 原砂是干砂消失模铸造中的主要造型材料，它对铸件质量有重要的影响。一般选用价格较便宜、易得到的硅砂（石英砂），对硅砂有多方面要求见表3-5。

表3-5 消失模铸造用原砂要求

序号	性能	影响	要求
1	化学成分	耐火度	$w(SiO_2)$90%～95%
2	粒度	影响振动后干砂层透气性。但透气性过高又容易造成铸件表面粘砂	黑色金属选用粒度在AFS40～60之间，铸铝件选用粒度在AFS50～100之间。即粒度以20/40筛号为宜，要避免粒度过于分散，粒度应主要集中于1/2号筛
3	粒形	影响振动时原砂的流动性和振实性，及其振动后干砂层透气性	圆形或多角形
4	含水量	影响干砂型发气量，发气过多会造成气孔等缺陷。含水量多也影响振实性能	$w(H_2O)<1\%$
5	灼烧减量	它反映模样热解残留物沉积在干砂上的数量。灼烧减量过多，会降低砂的流动性，降低干砂层透气性	灼烧减量<0.5%
6	砂温	会影响泡沫塑料模的形状、尺寸和变形	砂温应不超过60℃

② 振动台选择：为能使干砂振紧实，振动台最好为三维（x、y、z三个方向）振动，振动加速度在$1\sim2g$（g为重力加速度）范

围内，振动振幅为 0.5～1mm 比较合适，振动频率为 50～60Hz，振动时间控制在 60s 左右。振动参数选择不当，干砂型难于振实。但也要防止振动时模样被振变形。

③ 消失模铸造用砂箱是由箱体、抽气室（管）、起吊结构、与振动台定位卡紧结构（也可以不卡紧）等几部分组成的。根据抽气室的结构特点可将砂箱分为：底抽式砂箱［图 3-24(a)］，侧抽式砂箱［图 3-24(b)］、双层砂箱［图 3-24(c)］三种。

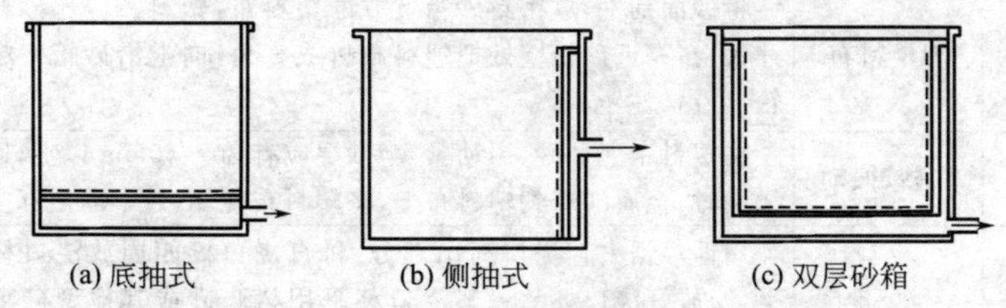
(a) 底抽式　(b) 侧抽式　(c) 双层砂箱

图 3-24　三种消失模铸造用砂箱示意图

底抽式砂箱结构简单、制作容易、维修方便，高度小于 1m 的砂箱可满足一般生产要求。但沿高度方向真空度不一样，底部高，上部低，只能从底部排气。侧抽室砂箱铸型横向形成一定的真空梯度，真空室筛网容易损坏，应用少。双层砂箱底面和四周均有抽气室，使真空度上、下均匀，浇注时排气更通畅，但加工费用高，侧面真空室筛网易损坏，使用较少。

砂箱的形状可以是圆形或方形，使用较多的是圆形砂箱。

④ 填砂振动造型的填砂方式有手工加砂、柔性管加砂、螺旋给料器加砂和雨淋加砂几种。产量小、机械化程度低的常用手工加砂和柔性管加砂。产量大、机械化程度高的则使用螺旋给料器和雨淋加砂。为使干砂能紧实好，通常采用边填砂、边振动的方法。具体造型操作要点见表 3-6。

表 3-6　干砂造型操作要点

序号	名称	操作要点
1	舂底砂	在砂箱中加一定厚度的干砂层，振紧，边加砂边振紧，直至厚度达工艺规定的底砂层厚度。一般底砂层应在 100～200mm 以上

续表

序号	名称	操作要点
2	安放泡沫塑料模组	把干砂层刮平，按工艺要求将组装好浇注系统的泡沫塑料模组放上，放正位置。也有的厂在此时对泡沫塑料模和浇注系统进行组装
3	填砂、紧实	边填砂、边振动，完成(干砂)铸型的紧实过程，直至砂面达到距砂箱表面50～100mm处。这段振动时间应控制在60s，最长90s左右，不宜过长，以防泡沫塑料模变形
4	加塑料布	将砂面刮平，放密封砂箱上方的塑料布，塑料布应比砂箱内尺寸大，在靠近砂箱壁处把塑料布折成直角，向上沿砂箱壁超过砂箱上沿
5	加砂、振动	在塑料布上加砂、振动紧实，砂层应有30～50mm以上，以防止浇注时，金属液溅到塑料布上，将塑料布烧坏，过早的使真空下降
6	安放浇口杯	用锯片锯去直浇口高出部分，将直浇口棒四周放浇口杯处刮平，安放好浇口杯。一般浇口杯是用树脂砂或其他型砂事先制好、并烘干的。浇口杯与砂型间用泥条密封。注意安放时浇口杯出口一定要和直浇道对齐，以防浇注时金属液冲砂

3.4.2 有黏结剂的型砂造型

对一些大中型铸件常使用有黏结剂的型砂造型。

(1) 型砂 为保证铸件质量，型砂应有高的透气性和低的发气性、较好的干强度、好的流动性。

由于泡沫塑料模强度低，舂砂很容易使模型变形，就需要型砂有足够的流动性，保证型砂填充到模样空腔部位和砂箱各处，并不用很强力的舂砂就能使型砂紧实。另外泡沫塑料模受热会变形和气化，不能进行铸型烘干。所以消失模铸造更适合使用自硬砂造型，自硬砂流动性好，只需微振和轻舂就能紧实，自硬后就会建立很好的强度，不需烘型。

历年来各企业使用过多种型砂：水玻璃自硬砂、水泥自硬砂、炉渣自硬砂、石灰石砂、赤泥自硬砂、树脂自硬砂等。目前使用较多的为树脂自硬砂和水玻璃自硬砂。表3-7为部分企业用型砂配方。

表 3-7 部分企业用型砂配方

序号	配方(质量分数)/%	应用
1	硅砂(新砂 30,旧砂 70)、400 号水泥适量、水 6～8	5t 以上大型铸铁件
2	硅砂 100、17 号双快水泥适量、水 4.5～6.0、夏季可加硼酸 1	10t 以下铸铁件
3	石灰石砂 100、水玻璃 8、水 4.5～5.5	铸钢件
4	硅砂 100、赤泥 4、水玻璃 7～8、水 5.5～6.5、发泡剂(M50 烷基磺酸钠)0.2	铸钢件
5	硅砂 100、中氮呋喃树脂(占原砂)0.8、对甲苯磺酸(占树脂)40、硅烷(占树脂)0.1～0.3	0.01～16t 各类机床铸铁件
6	硅砂 100、低氮呋喃树脂(占原砂)1.2～1.4、对甲苯磺酸(占树脂)30～60、硅烷(占树脂)0.1～0.3	机车铸铁件、球墨铸铁件

(2) 树脂自硬砂 树脂自硬砂用原砂多为硅砂，但其性能要求不同于干砂造型用硅砂。树脂自硬砂用硅砂对树脂用量、树脂砂强度及铸件质量影响很大。对硅砂具体要求：

① 原砂 SiO_2 含量要高、一般铸钢件 $w(SiO_2)\geqslant 97\%$、铸铁件 $w(SiO_2)\geqslant 90\%$、铝合金铸件 $w(SiO_2)\geqslant 85\%$。

② w(含水量)$\leqslant 0.2\%$。

③ 铸钢、铁件粒度要粗些，粒度要集中在主要筛号上下、3 或 4 筛号上；小于 140 筛号的细粉应尽量少，质量分数不超过 1%。

④ $w(H_2O)\leqslant 0.2\%$、形状接近圆形较好。

⑤ 硅砂的灼烧减量的质量分数不得超过 0.5%。

树脂自硬砂常用呋喃树脂和液态热固性酚醛树脂。呋喃树脂自硬砂采用酸作催化剂，几种不同酸其酸性强弱次序是：硫酸＞苯磺酸＞对甲苯磺酸＞磷酸。从催化效果来看，强酸使树脂砂的硬化速度加快，但硬化后强度较低。反之，弱酸硬化速度慢，但硬化后强度较高。我国使用较多的呋喃树脂催化剂为二甲苯磺酸。

硅烷可提高树脂砂强度、热稳定性和抗吸湿性，常被称为偶联剂，即它能使树脂和砂粒获得良好的结合。

合理地选用混砂机，采用正确的加料顺序和恰当的混砂时间有助于得到高质量的树脂自硬砂。其混砂工艺如下：

$$砂+催化剂\xrightarrow{搅拌}加树脂\xrightarrow{搅拌}出砂$$

上述顺序不可颠倒，否则局部会发生剧烈的硬化反应，缩短可使用时间。

(3) 自硬砂造型 由于型砂流动性好，可不用舂砂或稍加舂实即可，造型操作要点见表 3-8。

表 3-8 自硬砂造型操作要点

序号	名称	操作要点
1	自硬砂配制	按配方准确称量出各种原材料，按混砂工艺规定顺序加料混制自硬砂
2	造底箱	一般是先舂底箱，作为稳定模样的基准面。也可在高砂箱底部填上一定厚度(100～200mm)自硬砂，舂实、刮平，作为稳定模样的基准面
3	安放泡沫塑料模样	按工艺规定将泡沫塑料模样和浇注系统安放好。但模样轻，易移位，应用手工或铲子将少量自硬砂填围在模样和浇注系统底部周围，将其牢牢定位在底砂箱上，再套上砂箱
4	填自硬砂、造型	填自硬砂，稍加舂实。注意必要时要用手把靠近模样处的型砂均匀舂实。一般情况下自硬砂硬化速度快，要注意快速完成造型过程，保证每批型砂在其使用时间内用完

为改善泡沫塑料模样的气化条件，加速铸型内气体逸出型外，造型时应注意内外通气道的设置：模样的内通气道和铸型的外通气道。

生产中，除在铸型上部多扎些气眼外，还在铸型内沿模样的内外腔设置多条外通道（如图 3-25 所示）。一般通气道形状为圆形，直径 ϕ20～100mm，铸件愈重、尺寸愈大，通气道要愈多愈大。铸型的内腔设置 ϕ40～100mm 的外通道（图 3-25 中 2），外腔则沿模样外壁到砂箱间均匀设置 ϕ20～50mm 外通道（图 3-25 中 1）。浇注时，外通道的排气作用大，火焰和烟雾也十分强烈。为改善浇注条件，可在较大的通气道（大于 ϕ30mm）内填入干砂，让干砂过滤

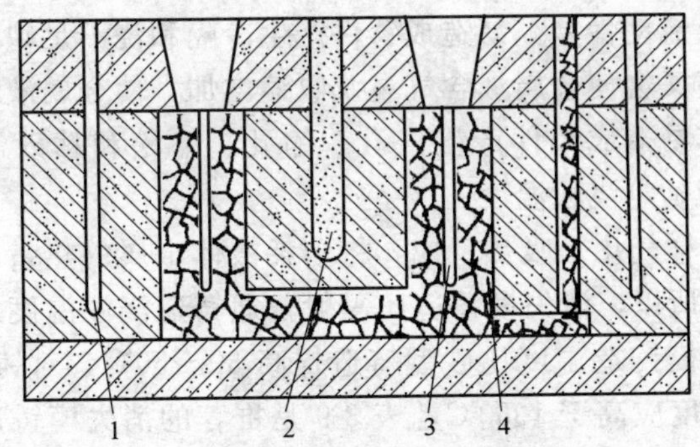

图 3-25 铸型设置内外通气道的示意图

1—外通气道；2—填有干砂的外通气道；

3—内通气道；4—泡沫塑料模

泡沫塑料高温分解产物，以消除或减少火焰和烟雾。

3.5 浇注

浇注是影响消失模铸件质量的关键工序之一。浇注时，铸型内的泡沫塑料模将发生体积收缩、熔融、气化和燃烧等一系列物理化学变化。由于浇注过程中金属液-泡沫塑料模-铸型三者的相互作用使消失模的浇注工艺比普通铸造复杂得多。如同一个铸件用普通铸造能浇注成功，而在同样的工艺条件下消失模铸造就不一定能获得成功，铸件可能形成凹陷、冷隔和夹渣等缺陷，这些缺陷与浇注条件有很大的关系。因此，对浇注工艺应加以重视。

干砂消失模铸造国内一般是在真空条件浇注，而有黏结剂的型砂消失模铸造（又称实型铸造）则是在非真空条件下浇注。对比两种浇注条件，在真空条件下浇注更有利于泡沫塑料模燃烧产物的排除，也有利于金属液的充型。

3.5.1 浇注温度

浇注温度是影响消失模铸件质量的主要因素之一。浇注温度低、金属液流动性差，易造成铸件产生冷隔和浇不足缺陷；但是浇注温度过高又会使金属液含气量及收缩增加，使金属液对铸型热作用增加，容易造成铸件产生气孔、缩孔、缩松和粘砂等缺陷。因此，应正确确定浇注温度。

由于模样气化是吸热反应，将消耗液体金属的热量，降低金属液的温度，所以，消失模铸造比一般普通铸造浇注温度应高些。一般推荐消失模铸造温度比砂型铸造提高 30～50℃，对铸铁件而言，最低浇注温度应高于 1360℃，表 3-9 是推荐的消失模铸造合金浇注温度。

表 3-9 消失模铸造合金浇注温度

合金种类	铸钢	球墨铸铁	灰口铸铁	铸铝	铸铜
浇注温度/℃	1450～1650	1380～1450	1360～1420	780～820	1150～1200

3.5.2 真空度(负压)

(1) 真空作用 真空条件下浇注时，真空作用有：

① 紧实干砂防止冲砂和铸型崩散、型壁移动。

② 加快泡沫塑料模燃烧产物排气速度和排气量，有利于金属液的充型和减少铸铁件表面的碳缺陷。

③ 提高铸件的复印性，使铸件轮廓更加清晰。

④ 在密封条件下浇注，可改善工作环境。

(2) 合理的真空度 见表 3-10。铸件较小时真空度可选低一些，重量大或一箱多铸真空度可选高一些。在浇注过程中，负压常会发生变化，开始浇注时负压降低，达到最低值后，又开始回升，最后恢复到初始值。浇注过程中真空度下降到最低点时，铸铁件最好控制在 200kPa 以上，可通过阀门调节真空度，保持在最低限度以上。真空度应保持到铸件凝固时为止。

表 3-10 消失模铸造的真空度范围

合金种类	铸铝	铸铁	铸钢
真空度/kPa	50～100	300～400	400～500

(3) 消失模铸造的真空抽气系统 一般由真空泵、预真空罐、真空软管等组成，如图 3-26 所示。

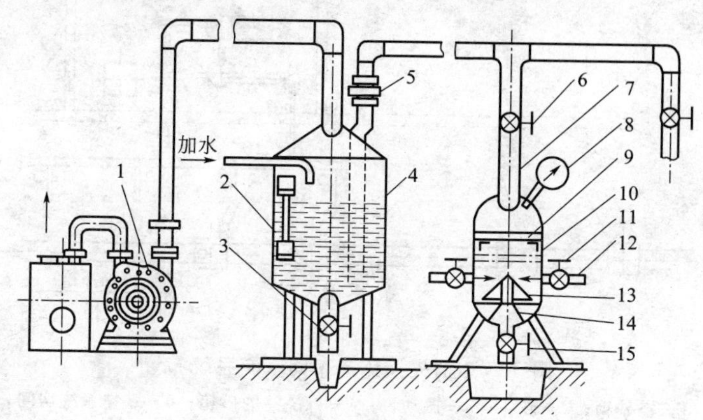

图 3-26 真空抽气系统组成

1—真空泵；2—水位计；3—排水阀；4—水浴罐；5—球阀；6—逆流阀；7—管道；8—真空表；9—过滤网；10—滤砂与分配罐；11—止阀；12—进气管；13—挡尘罩；14—支托；15—排尘阀

常用的真空泵为水环式真空泵，国产的该类真空泵有 SK 系列和 SZ 系列水环式真空泵，其中 SK 系列为节能系列采用较多。为使砂箱内气体能瞬时被抽走，常在系统中设真空罐，先将真空罐抽真空，工作时就可加快砂箱内气体抽走速度。图 3-27 是某厂消失模车间真空系统布置图。真空泵通过管道和真空罐、阀门与砂箱连接在一起。对待浇注的砂箱 4 在浇注前，以及浇注阶段和浇注后一段时间（铸件凝固期）进行抽气，并保持在某一个真空度下。

3.5.3 浇注速度

浇注速度对铸件质量影响很大。浇注速度太慢会增加金属液的热损失，降低金属液温度，使铸件产生冷隔、浇不足或铸铁皱皮等缺陷。但浇注速度太快易使铸型受冲刷及金属液包裹未气化的泡沫塑料残留物，使模型燃烧残留物不易排出，造成铸件气孔和夹渣等缺陷。适宜的浇注速度应使金属液在铸型内的上升速度等于或接近

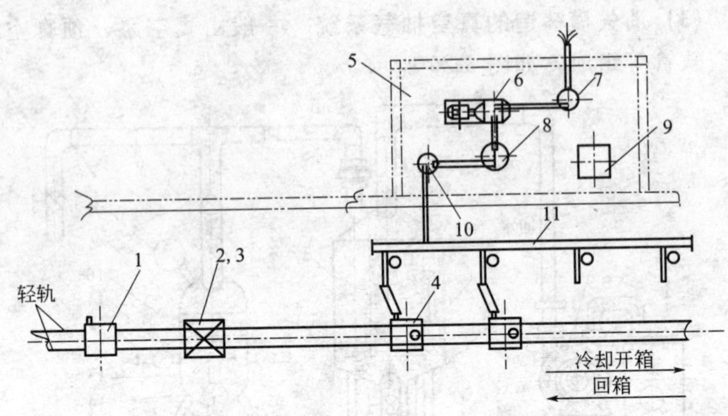

图 3-27 消失模铸造车间真空系统布置

1—空砂箱；2—砂斗；3—振动台；4—待浇注的砂箱；5—真空系统房间；6—真空泵；7—进气罐；8—电气控制柜；9—真空罐 1；10—真空罐 2；11—真空管道

泡沫塑料模样的气化速度。

决定浇注速度的除浇注系统的形式、大小、浇注温度，还与浇注方法有关。浇注工人应注意浇注方法。

正确的浇注方法是一慢二快三稳，中间过程不断流。一慢是指浇注初期，金属液刚接触泡沫塑料模样的瞬间，当直浇道没充满时应慢浇，防止金属液飞溅，产生反喷（或呛火）现象。当金属液充满直浇道后应加快浇注速度，愈快愈好，但以浇口杯的金属液充满、不外溢为准则，以避免铸型坍塌和浇不足等缺陷产生。浇注后期当金属液到达模样的顶部或冒口顶部时，应慢浇、略需收包，以防止金属液外溢。

3.5.4 浇注过程的反喷现象

消失模浇注过程中，由于泡沫塑料模样产生的气体不能及时排出，局部压力大于金属液的静压力，会造成金属液从浇口处反喷出来，称反喷现象。它会造成铸件粘砂、塌箱、砂眼等缺陷，还会给浇注操作人员的人身安全造成危害，应加以防止。

防止反喷，除浇注工人应做到一慢等浇注要点外，和制模、造型、浇注系统等都有关系。首先泡沫塑料的密度应在 0.016～0.025g/cm^3 之间、模样要干燥、上涂料后涂层应干透。第二涂层透气性好、干砂粒度以 20/40 筛号为宜，粒度不能分散，浇注时真空度合适。第三浇注系统设计合理、并使用大浇口杯，直浇道最好做成空心的，浇注温度合适。总之，希望模样发气量尽可能小、铸型（涂层和干砂）透气性尽可能好，能让产生的气体顺利的排出。同时，希望浇注系统有足够的压力，防止反喷现象产生。

3.6 消失模铸件缺陷及其防止措施

消失模铸件尺寸精度和表面粗糙度均优于砂型铸件，并且没有一般砂型铸造胀箱、错箱及偏芯等缺陷。但消失模铸造工艺也会造成一些铸造缺陷，如铸铁件皱皮或炭黑、塌箱、粘砂、气孔、夹渣、节瘤、铸钢件表面渗碳等。这里着重介绍一些消失模铸件常见缺陷及其防止措施。

3.6.1 铸铁件表面皱皮

皱皮是消失模铸铁件特有的表面缺陷。在铸件浇注成型后，表面沉积着一层光亮炭，当清理后表面呈现出深浅不同的橘皮状缺陷，又称皱皮，见图 3-28。对于较大件它往往集中于铸件上部，对于薄壁件可能产生在侧面。

（1）产生原因 浇注铸铁件时，泡沫塑料模分解的产物有气体、液体等，在液相中存在一种黏稠沥青状再聚合物。这种液体分解物残留在涂层内侧，一部分被涂层吸收，一部分在局部金属与涂层间形成一薄膜。这层薄膜在还原气氛下形成细片状或皮屑状的结晶残炭，即光亮炭。它的密度小，与铁水润湿性极差，因此，在铸件局部表面形成炭沉积。

（2）影响因素 影响皱皮形成的因素有很多。首先是泡沫塑料

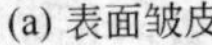
(a) 表面皱皮

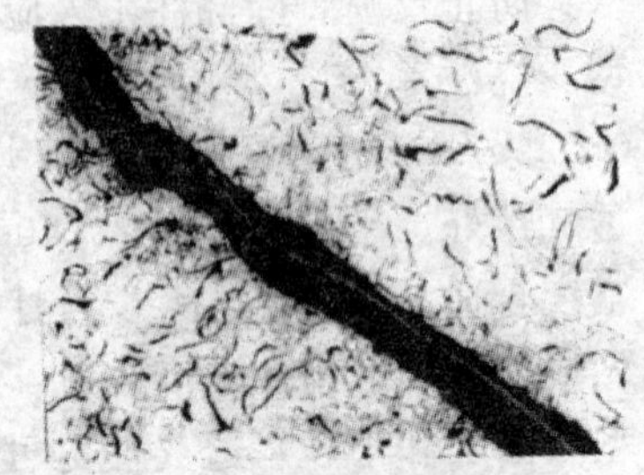
(b) 皱皮处的金相照片

图 3-28 铸铁件表面皱皮缺陷

模材料的影响。聚苯乙烯 EPS、聚甲基丙烯酸甲酯 EPMMA 和共聚料 STMMA 三者中，EPS 最容易形成光亮碳，因 EPS 含碳量高，在铸造浇注条件下不容易完全气化。第二是模型的密度的影响，所用的泡沫塑料模密度越高，燃烧产物中的液相物也越多，越容易形成皱皮缺陷。第三是铸件结构的影响，热解产物能否及时被排到铸件型腔以外，这和铸件结构形状有一定关系。第四是浇冒口系统的影响，浇冒口系统对金属液充型流动有影响，因而对热解产物及其流向也有影响。如铸件顶部有冒口，液相物将可能到达冒口中，有利于消除皱皮缺陷。第五是浇注时负压的影响。负压越大越有利于减少或消除皱皮缺陷，因为负压有利于热解产物通过涂层向型砂中排放。第六是浇注温度的影响，金属液浇注温度越高，泡沫塑料模热解将更彻底，气相产物比例就高，有利于减少皱皮。第七是涂层及型砂透气性的影响，涂层及型砂透气性越高，越有利于模型热解产物的排出，越有利于减少皱皮。

(3) 防止措施 根据上述影响因素对症下药，如：

① 合理选用泡沫塑料模的材质，用低密度的泡沫塑料模。

② 合理设计铸件浇冒口系统，使其有利于模型热解产物的分散分布，或便于集中于顶部或顶部冒口中。

③ 适当提高浇注温度。

④ 适当提高浇注时的负压度。

⑤ 提高涂层和型砂的透气性。

3.6.2 铸铁件炭黑

铸铁件的炭黑缺陷是指在铸件内部或表面有团簇状的炭黑，见图 3-29。

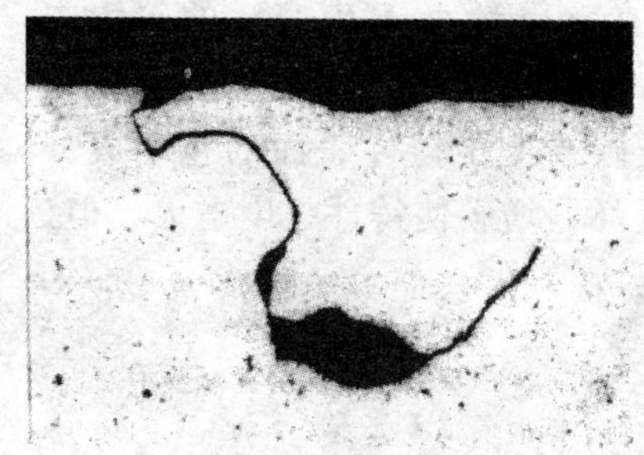

(a) 灰铁气缸套铸件上的炭黑缺陷

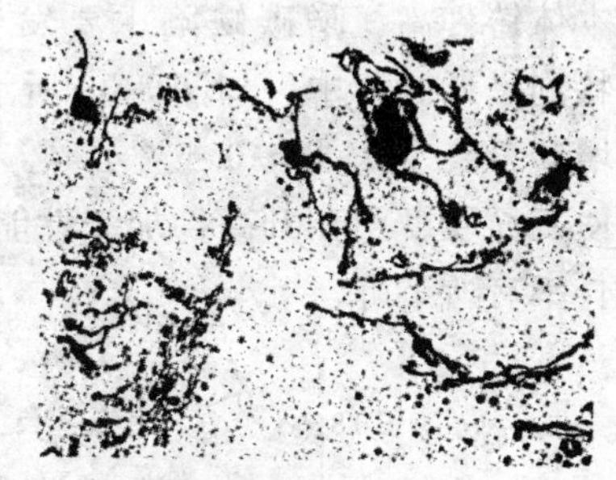

(b) 球墨铸铁链轮的炭黑缺陷

图 3-29 炭黑缺陷

产生原因是浇注时泡沫塑料模燃烧形成的产物有气体和液相。而液态产物对涂层不润湿或润湿性差，不能均匀地铺展在涂层表面，而是呈团簇状分布。如同露珠分布在树叶上。这就造成液态产物对涂层的渗透能力差，在负压作用下未能将液态产物都吸出。来不及逸出的液态产物在缺氧状态下，因高温金属液的热解作用而生成固态炭黑。造成在铸件内部或表面有团簇状的炭黑。

从产生原因看铸铁件表面皱皮和铸铁件炭黑的成因基本一致，都属于碳缺陷，是因为泡沫塑料模燃烧产生的液相产物不能排出而引起的，防止措施主要为：

① 合理选用泡沫塑料模的材质和密度。用低密度共聚料 ST-MMA 和聚甲基丙烯酸甲酯 EPMMA 泡沫塑料模就能有效地消除和减少泡沫塑料模燃烧时液相产物的产生，从而消除炭黑缺陷。

② 提高涂层和型砂的透气性，适当提高浇注时负压度，让泡沫塑料模燃烧产物能尽可能地被排出型腔。

③ 适当提高浇注温度让泡沫塑料模燃烧完全。

④ 合理地设计浇冒口系统，不让未燃烧的泡沫塑料模包裹到

金属液中。

3.6.3 铸钢件增碳

铸钢件增碳是指消失模铸钢件表面或局部表面含碳量增加，比本体铸件高。增碳缺陷主要发生在含碳量小于0.45%的碳钢中，特别是低碳钢中，如图3-30所示。增碳层深度在0.2～2mm之间，增碳量在0.01%～0.1%不等。增碳改变了铸件表面的化学成分，使表面硬度明显升高，加工性能变坏；增碳使铸件强度增大，但延长率有所下降。

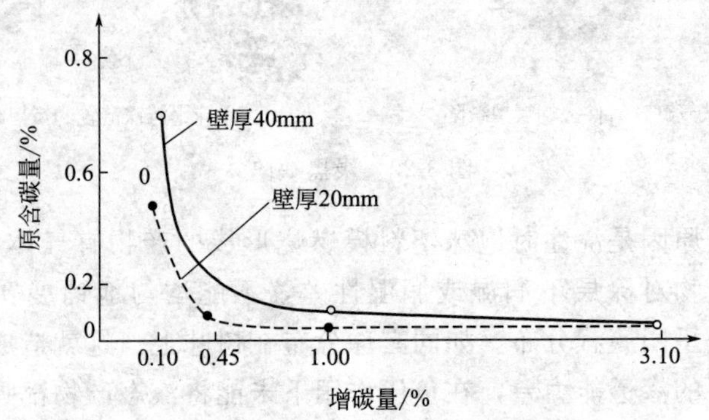

图3-30 钢液中原始含碳量对增碳的影响

产生原因是由于铸钢件浇注温度高（1550℃以上），聚苯乙烯泡沫塑料热解产物气化和裂解充分，产生大量的游离碳，存在于涂料层和钢液之间，这样就形成与钢液成分碳浓度梯度，高温下碳原子和金属晶格都很活泼，游离碳将向铸钢件表面渗透，使铸件表面增碳。钢液的原始含碳量越低，这种增碳就越严重。

防止措施

① 使用聚甲基丙烯甲酯EPMMA和共聚料STMMA代替聚苯乙烯EPS做泡沫塑料模原材料。因为后者含碳量高，容易产生大量的游离碳。

② 控制泡沫塑料模的密度，应在0.016～0.022g/cm^{3}之间。模型密度低，同样一个模型，则含泡沫塑料原材料少。对于厚实的

模样，在可能条件下做成空心的，也有利于防止增碳的产生。

③ 合适的浇注速度，浇注速度对铸钢表面增碳有影响，当浇注速度快后，泡沫塑料模分解不易完全气化，液相产物增加，同时，会使金属液与泡沫塑料模样之间的间隙减小，使析出的液相从间隙中被挤向铸型，积聚并紧贴在铸件表面，从而加剧了增碳过程，如图 3-31 所示。

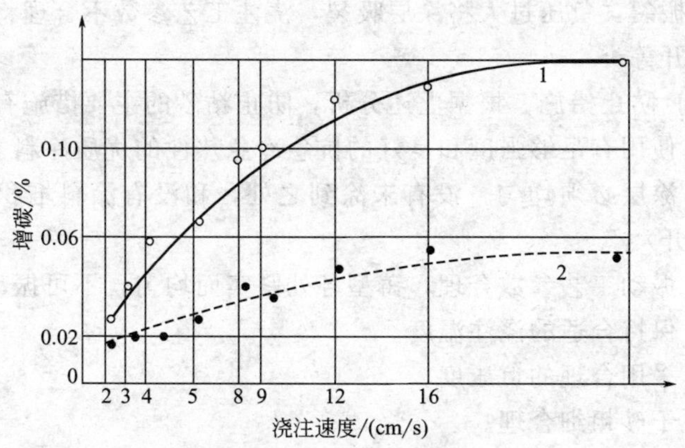

图 3-31 浇注速度与增碳量的关系

1—铸件壁厚 40mm；2—铸件壁厚 20mm

④ 提高涂料和型砂的透气性，它们的透气性愈高，泡沫塑料模分解产物逸出得愈快，从而降低金属液和模型的间隙中分解物的浓度，减少增碳。

⑤ 浇注时应有合适的负压度。负压度愈高，模样分解产物逸出得愈快，从而也减少增碳产生。但负压过高，又会造成铸件粘砂等缺陷。

3.6.4 粘砂

消失模铸件的粘砂是指铸件上粘有一层很难清理的型砂，它造成铸件清理困难，严重时会使铸件报废。消失模铸件的粘砂一般属于金属液流入干砂中将砂子机械粘住，即机械粘砂。

(1) 产生原因及影响因素 机械粘砂是金属液渗透到干砂空隙

中将砂子紧紧粘住造成的，由于消失模铸造时有负压吸力作用，加上高温浇注，金属液的穿透力比砂型铸造时要强得多，较容易透过涂层深入到干砂型中。

但生产中一般是由于涂层开裂，金属液才能通过裂纹进入干砂型。所以首先应考虑不让涂层开裂，影响涂层开裂的因素有：涂层强度过低，涂层抗急冷急热性差，干砂振动造型时工艺参数不合理将涂层振裂，负压过大将涂层吸裂，浇注工艺参数不合理将涂层冲刷而裂开等。

(2) 防止措施 根据上述分析，防止粘砂的主要措施有：

① 使用有足够强度和良好的抗急冷急热性的优质涂料。

② 涂层必须均匀，没有未涂到之处，和没有涂料堆积处（此处易裂开）。

③ 振动工艺参数合理，铸型各处紧实而均匀，不可振动过分。

④ 保持合适的浇注温度。

⑤ 采用合理的负压度。

⑥ 干砂粗细合理。

3.6.5 气孔

铸件上有或大或小的，封闭或半封闭的孔洞，孔壁光滑，称气孔缺陷。孔洞大多分布在铸件上表面和死角处，多数在机械加工后才能看到，如图 3-32。

(1) 产生原因及影响因素 首先是泡沫塑料模在浇注时产生的热解气体未能顺利排出铸型型腔，而进入铸件中造成气孔。其次是模样密度过大，或不干，或涂层干燥不良，或模样黏结胶用量过多，造成浇注时模样、涂层的水分蒸发，以及黏结胶发气量过大，侵入铸件中。第三是浇注时金属液卷气，如直浇道不能充满而卷气等，造成铸件气孔。

(2) 防止铸件产生气孔的主要措施

① 采用低密度的泡沫塑料模。消失模铝合金件的模样密度为 0.022～0.025g/cm^3；铸钢和铸铁则应采用更低密度模样，

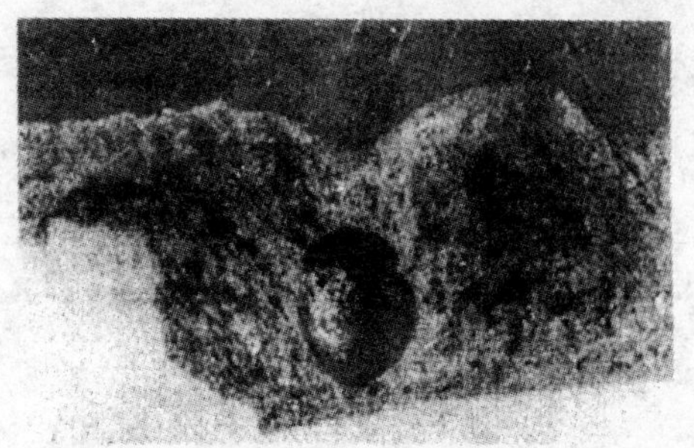

图 3-32 铸件的气孔缺陷

0.016～0.022g/cm³ 的模样。

② 涂料的发气量要小，透气性要高。

③ 模样和涂层应干透。

④ 模样黏结胶发气量要小，用量也应尽量少。

⑤ 正确设计浇注系统，浇注时不应卷气，要逐层置换模样，平稳推动，不产生金属紊流。

⑥ 负压合适，过小不能顺利排出模样热解产物，过大则会将未燃烧的模样包裹在金属液中，引起气孔缺陷。

⑦ 掌握正确的浇注方法：一慢二快三稳，不断流。

第4章 压力铸造技术

4.1 概述

4.1.1 压力铸造工艺及特点

压力铸造是将液态或半液态金属在高压（几兆帕至几十兆帕）作用下，以极高的速度（0.5～70m/s）充填到压铸型的型腔中，并在压力下快速凝固而获得铸件的一种铸造方法，简称压铸。图4-1为压铸工艺过程循环图，以冷室卧式压铸机为例，其压铸过程示意图如图4-2所示。

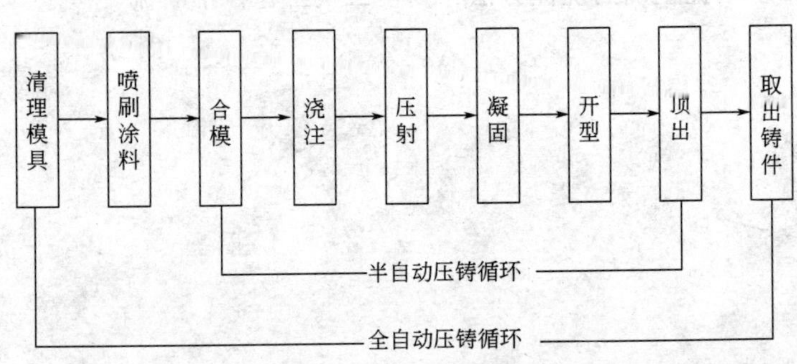

图4-1 压铸过程循环图

与其他铸造方法相比，压力铸造生产的铸件尺寸精确、力学性能好，可压铸形状复杂的薄壁铸件，生产效率高，是一种先进的金属零件成型工艺。

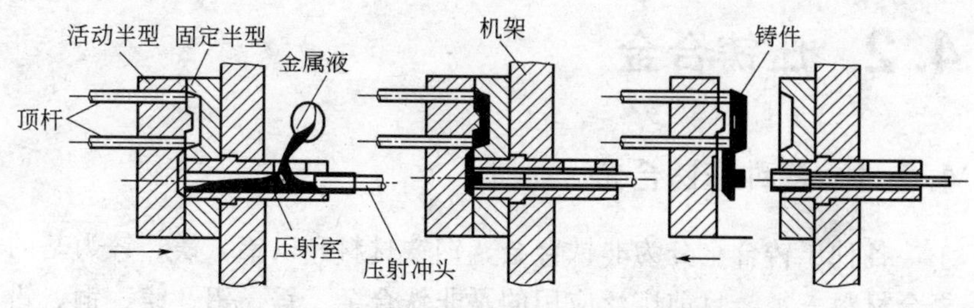

图 4-2 冷室卧式压铸机压铸过程示意图

4.1.2 压力铸造发展

压力铸造技术有一百多年历史，我国压铸工业经历半个世纪的发展已成为一个新兴的产业。

随着压铸技术的发展，出现真空压铸、加氧压铸、半固态压铸、双压射冲头压铸、黑色金属压铸等新工艺、新技术。同时，近年来计算机技术在压铸中应用不断广泛，如铸件凝固模拟软件的使用、压铸模具设计的CAD/CAE/CAM的应用均大大提高了压力铸造对市场反应速度，提高铸件质量，也展现压力铸造生产的广阔前景。

4.1.3 压力铸造应用

压力铸造广泛应用于汽车、摩托车、拖拉机、电气仪表、电信器材、医疗器械、日用五金、航空、兵器、计算机等工业部门。

压力铸造适用于中小、复杂铸件，以非铁合金，特别是铝合金、镁合金为主、大批量生产中。图 4-3 是一些典型压铸件。

(a) 铝合金壳体件

(b) 铝合金壳体盖

(c) 镁合金照相机壳

图 4-3 典型压铸件

4.2 压铸合金

4.2.1 各种压铸合金

各种压铸合金分为非铁合金、钢铁材料和以铝、镁、锌为基的复合材料三类，目前广泛应用的是非铁合金：锌、铝、镁、铜、铅锡合金。压铸合金有下列要求。

① 在高温下应有足够的强度和可塑性，无或少热脆性。

② 合金的结晶温度范围小，过热度不高时有足够的流动性、收缩要小。

③ 合金有良好的耐磨性、耐蚀性、导电性等。

④ 机加工性能好。常用的各种压铸合金特点及牌号见表4-1。在各种压铸合金中，压铸铝合金使用最多，2005年统计我国压铸件铝合金占73%、锌合金占25.2%、镁合金占1.0%、铜合金占0.8%。

表4-1 常用的各种压铸合金特点及牌号

合命名称	特点	牌号(合金代号)
压铸锌合金	该类合金熔点低，不易粘模；铸造工艺性好，可压铸各种复杂、薄壁铸件；具有良好的常温使用性能；具有良好的电镀性。但密度大(6.4～6.7g/cm³)；易老化；抗腐蚀性能差，进而会发生强度和尺寸变化	ZZnAl4Y(YX040) ZZnAl4Cu1Y(YX041) ZZnAl4Cu3Y(YX043)
压铸铝合金	该类合金密度小(2.5～2.9g/cm³)；比强度大(9～15)；耐蚀性、耐磨性好，导热性、导电性好；切削性能好。但铝硅系合金易粘模；对金属坩埚有腐蚀；体积收缩大，易产生缩孔	YZAlSi12(YL102) YZAlSi10Mg(YL104) YZAlSi12Cu2(YL108) YZAlSi9Cu4(YL112) YZAlSi11Cu3(YL113) YZAlSi17Cu5Mg(YL117) YZAMg5Si1(YL302)

续表

合金名称	特点	牌号(合金代号)
压铸镁合金	压铸镁合金密度小(1.8g/cm³);比强度大(14～16);有好的刚度和减震性,压铸件尺寸稳定;热容量小、不粘模;切削性能优良。但易氧化燃烧,熔化和工艺复杂;有高温脆性、热裂倾向大;耐磨性差	YZMgAl19Zn(YM5)
压铸铜合金	压铸铜合金力学性能好;导电性、导热性好;摩擦系数小、耐磨性好;耐蚀性好。但密度大(8.2～8.5g/cm³);熔点高、压铸模寿命短;价格高	YZCuZn40Pb(YT40－1) YZCuZn16Si4(YT16－4) YZCuZn30Al3(YT30－3) YZCuZn35Al12Mn2Fe(YT35-2-2-1)
压铸铅锡合金	两类合金熔点低、密度大(锡锑合金7.30～7.38g/cm³、铅锑合金9.29～9.60g/cm³);强度低、硬度低、韧性好,有良好的耐磨性、耐蚀性;铸造性能好,可生产复杂薄壁件;不粘型、易涂覆	

4.2.2 压铸铝合金

我国压铸铝合金的化学成分和力学性能及应用范围见表 4-2、表 4-3。压铸铝合金中除主要成分铝 Al 外，还有硅 Si、铜 Cu、镁 Mg、锰 Mn，它们在压铸合金中的作用见表 4-4。现很多工厂在生产出口压铸件，各国铝合金牌号各不相同，表 4-5 为我国与美国、日本、德国压铸铝合金的对照表。

表 4-2　压铸铝合金的化学成分（GB/T 15115—2009）

合金牌号	合金化号	化学成分(质量分数)/%												
		主要成分					杂质含量≤							
		Si	Cu	Mg	Mn	Al	Fe	Cu	Mg	Zn	Mn	Sn	Pb	总和
YZAlSi12	YL102	10.0～13.0	—	—	—	其余	1.2	0.6	0.05	0.3	0.6	—	—	2.3

续表

合金牌号	合金化号	化学成分(质量分数)/%												
		主要成分					杂质含量≤							
		Si	Cu	Mg	Mn	Al	Fe	Cu	Mg	Zn	Mn	Sn	Pb	总和
YZAlSi-10Mg	YL104	8.0～10.5	—	0.17～0.30	0.2～0.5	其余	1.0	0.3	—	0.3	—	0.01	0.05	1.5
YZAlSi-12Cu2	YL108	11.0～13.0	1.0～2.0	0.4～1.0	0.3～0.9	其余	1.0	—	—	1.0	—	0.01	0.05	2.0
YZAlSi-9Cu4	YL112	7.5～9.5	3.0～4.0	—	—	其余	1.2	—	≤0.3	1.2	≤0.5	0.1	0.1	2.0
YZAlSi-11Cu3	YL113	9.6～12.0	1.5～3.5	—	—	其余	1.2	—	≤0.3	1.0	≤0.5	0.1	≤0.1	
YZAlSi17-Cu5Mg	YL117	16.0～18.0	4.0～5.0	0.45～0.65	—	其余	1.2	—	—	1.2	≤0.5	—	—	
YZAlMg-5Si1	YL303	0.8～1.3	—	4.5～5.5	0.1～0.4	其余	1.2	0.1	—	0.2	—	—	—	1.4

表 4-3 压铸铝合金力学性能（GB/T 15115－2009）**及应用范围**

合金牌号	合金代号	力学性能≥			应用范围
		抗拉强度 σ_b/MPa	断后伸长率 δ/% $L_0=50$	布氏硬度(HBS) 5/250/30	
YZAlSi12	YL102	220	2	60	各种薄壁铸件
YZAlSi10Mg	YL104	220	2	70	大中型铸件
YZAlSi12Cu2	YL108	240	1	90	各种铸件
YZAlSi9Cu4	YL112	240	1	85	中、大型铸件
YZAlSi11Cu3	YL113	230	1	80	中、大型铸件
YZAlSi17Cu5Mg	YL117	220	＜1	85	中、大型铸件
YZAlMg5Si1	YL303	220	2	70	压铸各种薄壁件以及在高强度下工作的铸件

表 4-4 压铸铝合金中主要元素的作用

元素名称	对铸造性能影响	对力学和其他性能影响
硅 Si	提高流动性，产生缩孔和热裂倾向减小	提高抗拉强度但降低伸长率。对铝锌系合金抗蚀性提高，切削性能变坏。对高硅铝合金硅含量增加使它对铸铁坩埚熔蚀性增大
铜 Cu	提高流动性	提高强度、硬度，使伸长率、抗磨性下降，改善切削性能
镁 Mg	对铝镁系合金会使流动性提高、热裂倾向增大	提高抗拉强度，但伸长率下降。对铝硅系合金可改善切削性能，但粘模增加
锰 Mn		Mn≤0.5%可提高强度和抗磨蚀性。对铝硅系合金可以抵消铁的有害作用

表 4-5 中外压铸合金对照

中国	美国 ASTM	日本	德国
YL102	413.0	ADC1	GD-AlSi12
YL104	316.0	ADC3	GD-AlSi10Mg
YL108	339.1	ADC1C	
YL112	380.0	ADC10	GD-AlSi8Cu3
YL113	383.0E	ADC12	GD-AlSi6Cu4
YL117		ADC14	
YL302	518.0	ADC5	GD-AlMg9
YL306		ADC6	

4.3 压铸机

压铸机是压铸生产中最基本的设备，对压铸件的质量、生产效率、运行成本、劳动条件等均有直接的影响。

4.3.1 压铸机的种类及特点

压铸机分为热室压铸机和冷室压铸机两大类。冷室压铸机按其压室所处位置又可分为卧式压铸机和立式压铸机、全立式压铸机。

① 热室压铸机的压室与保温坩埚炉连成一体，见图 4-4，因压室浸于金属液中而得名。其工作过程见图 4-5。当压射冲头 4 上升时，金属液 5 通过进料口 2 进入压室 3 中［图 4-5(a)］，压射冲头 4 下行，金属液被压入压铸模 8 中成型［图 4-5(b)］。铸件冷凝后压射冲头 4 回升，多余金属液回流至压室（与坩埚相通）中，然后打开压铸模 8，取出铸件［图 4-5(c)］，完成一个压铸循环。

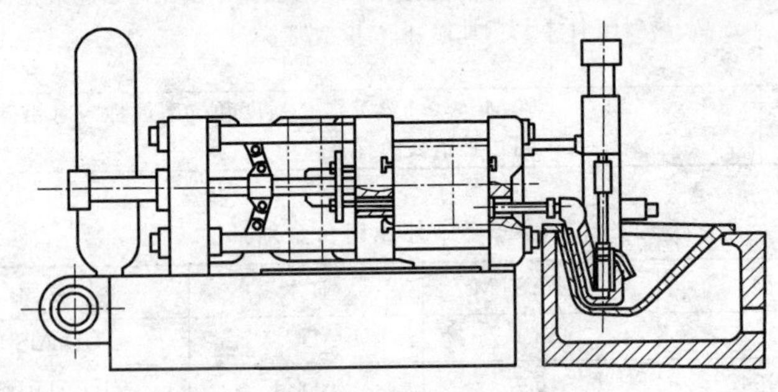

图 4-4　热室压铸机结构图

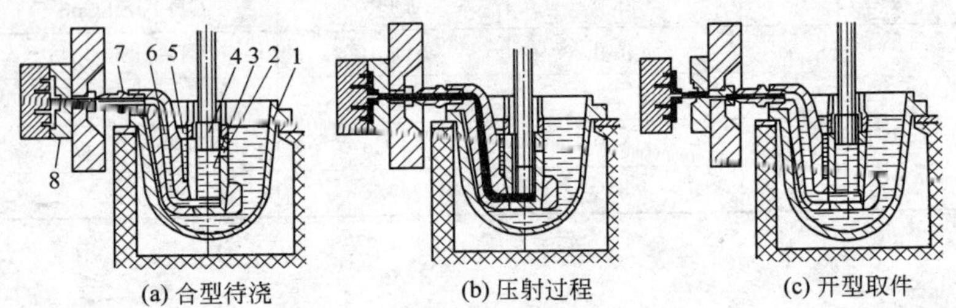

(a) 合型待浇　(b) 压射过程　(c) 开型取件

图 4-5　热室压铸机的压铸过程

1—坩埚；2—进料口；3—压室；4—冲头；5—金属液；6—通道；7—喷嘴；8—压铸模

热室压铸机的特点是工序简单、生产效率高，容易实现自动化，金属消耗少，工艺稳定，压入型腔的金属液干净，无氧化夹渣，铸件质量好。但压室和冲头长时间浸在金属液中，使用寿命短。常用于铅、锡、锌合金等低熔点合金，近年来已用于镁合金和铝合金铸件中。

表 4-6 是 JB/T 8083—2000 标准规定的热室压铸机基本参数。

表 4-6 热室压铸机基本参数

名称			基本参数					
合型力/kN		≥	630	1000	1600	2500	4000	6300
拉杆之间的内尺寸(水平/mm)×(垂直/mm)		≥	280×280	350×350	420×420	520×520	620×620	750×750
动型座板行程/mm		≥	250	300	350	400	450	600
压铸型厚度/mm	最小		150	150	200	250	300	350
	最大		350	450	550	650	750	850
压射位置(O 为中心)/mm			0 —	0 50	0 60	0 80	0 100	0 150
压射力/kN		≥	50	70	90	120	150	200
压室直径/mm			60	70	80	90	100	110
最大金属浇注量/kg			1.2	2.5	3.5	5.0	7.5	12.5
液压顶出器顶出力/kN		≥	—	80	100	140	180	250
液压顶出器行程/mm		≥	—	65	80	100	120	250
一次循环时间/s		≥	4	5	6	7	8	10

注：根据用户需要，允许生产合型力为 31500kN、40000kN 的卧式冷室压铸机；合型力为 10000kN 的立式冷室压铸机和合模力为 250kN、160kN、100kN、63kN 的热室压铸机。

② 冷室卧式压铸机（图 4-6）的压室与保温坩埚是分开的，压室和压射机构处于水平位置，图 4-7 为其压铸过程。合型后将金属液 5 浇入压室 4 中［图 4-7(a)］。随后压射冲头 6 向前运动，将金属液 5 经浇道压入型腔内［图 4-7(b)］。铸件冷凝后开型，借助压射冲头向前移动将余料 8 连同铸件 7 一起推出，并随动模 2 移动［图 4-7(c)］。再由顶杆 1 将铸件 7 和余料 8 顶出［图 4-7(d)］，完成一个压铸循环。

冷室卧式压铸机占地面积相对大些，但工序简单；金属液充型的流程短、能量损失小、金属液消耗少；机器的压射位置较容易调

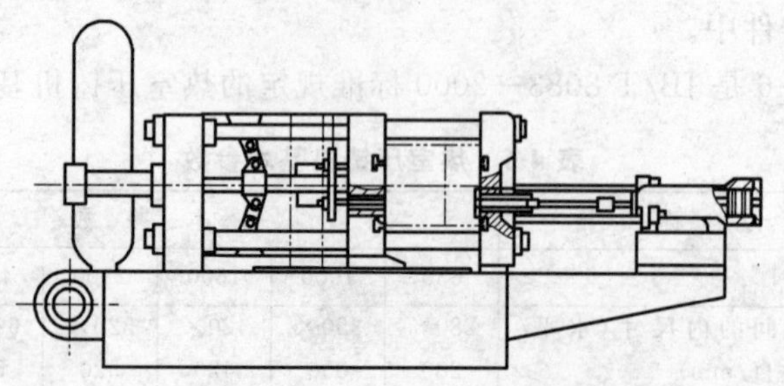

图 4-6 冷室卧式压铸机结构图

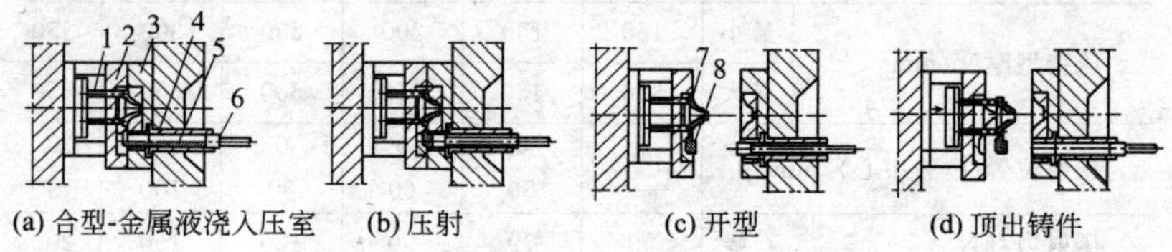

图 4-7 冷室卧式压铸机的压铸过程

1—顶杆；2—动模；3—定模；4—压室；5—金属液；6—压射冲头；7—铸件；8—余料

节，适合偏心浇口的开设，采用中心浇口时模具结构要采用相应措施；易于实现自动化。这种压铸机大、中、小齐全，特别适用于大型压铸机，可用于压铸各种铝、镁、铜、锌等非铁合金件，也可用于黑色金属压铸，使用面广。

表 4-7 是 JB/T 8083-2000 标准规定的冷室卧式压铸机基本参数。

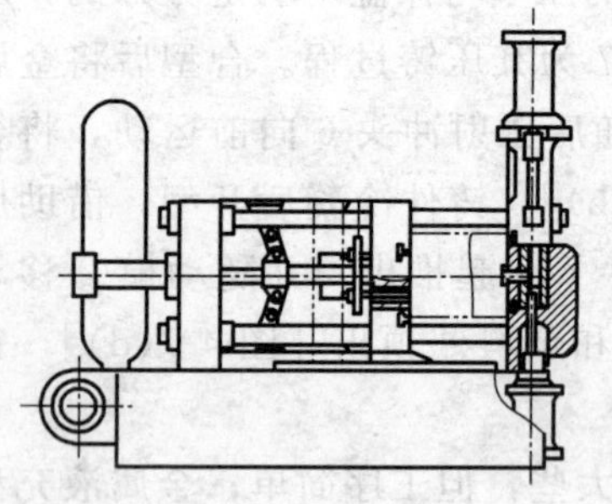

图 4-8 冷室立式压铸机结构图

③ 冷室立式压铸机的结构如图 4-8 所示，其压室与保温坩埚是分开的，压室和压射机构处于垂直位置，图 4-8 是其压铸过程。合型后，将金属液浇入压室 4 中[图 4-9(a)]。当压射冲头 2 向下压时，金属液受冲头的作用，迫使反料冲头 7 下降，打开喷嘴 1，金属

表 4-7 冷室卧式压铸机基本参数

名称			基本参数											
合型力/kN		≥	630	1000	1600	2500	4000	6300	8000	10000	12500	16000	20000	25000
拉杆之间的内尺寸(水平/mm)×(垂直/mm)		≥	280×280	350×350	420×420	520×520	620×620	750×750	850×850	950×950	1060×1060	1180×1180	1320×1320	1500×1500
动型座板行程/mm		≥	250	300	350	400	450	600	670	750	850	950	1060	1180
压铸型厚度/mm	最小		150	150	200	250	300	350	420	480	530	600	670	750
	最大		350	450	550	650	750	850	950	1060	1180	1320	1500	1700
压射位置(O为中心)/mm			0 60 —	0 120 —	0 70 140	0 80 160	0 100 200	0 125 250	0 140 280	0 160 320	0 160 320	0 175 350	0 175 350	0 180 360
压射力/kN		≥	90	140	200	280	400	600	750	900	1050	1250	1500	1800
压室直径/mm			30～45	45～50	40～60	50～75	60～80	70～100	80～120	90～130	100～140	110～150	130～175	150～200
最大金属浇注量(铝)/kg			0.7	1.0	1.8	3.2	4.5	9	15	22	26	32	45	60
压射室法兰直径/mm	公称值		85	90	110	120	130	165	180	240	240	260	260	300
	极限偏差		f_7											
压射室法兰凸出室型座板高度/mm	公称值		10	10	10	15	15	15	20	20	25	25	30	30
	极限偏差		−0.05											
压射冲头推出距离/mm		≥	80	100	120	140	180	220	250	280	320	360	400	450
液压顶出器顶出力/kN		≥	—	80	100	140	180	250	360	450	500	550	630	750
液压顶出器行程/mm		≥	—	60	80	100	120	150	180	200	200	250	250	315
一次空循环时间/s		≤	5	6	7	8	10	12	14	16	19	22	26	30

液被压入型腔中［图 4-9(b)］。铸件 9 冷凝后，压射冲头 2 回升，反料冲头 7 因下部液压缸的作用上升，切断直浇道与余料 10，并将余料顶出［图 4-9(c)］。取出余料后，反料冲头复位，然后开型由顶杆 8 顶出铸件 9［图 4-9(d)］，完成一个压铸循环。

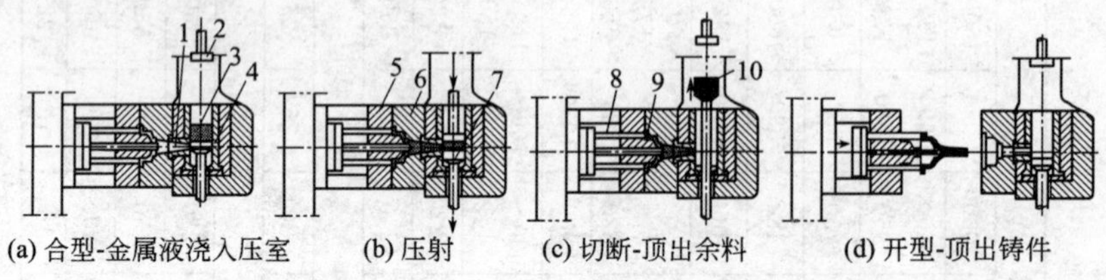

图 4-9 冷室立式压铸机的压铸过程

1—喷嘴；2—压射冲头；3—金属液；4—压室；5—动模
6—定模；7—反料冲头；8—顶杆；9—铸件；10—余料

冷室立式压铸机占地面积小。但工序相对较多，机器有切断、顶出余料的下油缸，结构复杂，增加了维修的困难。冷室立式压铸机在压铸时，压室中空气不易随金属液进入型腔，并便于设置中心浇口，可提高压铸模有效面积的利用率。缺点是金属液充填过程流程长，能量损失大。该种机器以小型机占多数，适用于锌、铝、铜等多种合金的压铸。生产中使用量较少。

表 4-8 是 JB/T 8083—2000 标准规定的冷室立式压铸机基本参数。

表 4-8 冷室立式压铸机基本参数

名称		基本参数					
合型力/kN ≥		630	1000	1600	2500	4000	6300
拉杆之间的内尺寸(水平/mm)×(垂直/mm) ≥		280×280	350×350	420×420	520×520	620×620	750×750
动型座板行程/mm ≥		250	300	350	400	450	600
压铸型厚度/mm	最小	150	150	200	250	300	350
	最大	350	450	550	650	750	850

续表

名　称	基 本 参 数					
压射位置(O为中心)/mm	0 —	0 —	0 —	0 80	0 100	0 150
压射力/kN　≥	160	200	300	400	700	900
压室直径/mm	50～60	60～70	70～90	90～110	110～130	130～150
最大金属浇注量/kg	0.6	1.0	2.0	3.6	7.5	11.5
液压顶出器顶出力/kN　≥	—	80	100	140	180	250
液压顶出器行程/mm　≥	—	65	80	100	120	150
一次循环时间/s　≥	6	7.5	9	10	13	16

④ 冷室全立式压铸机如图 4-10 所示，其压铸过程如图 4-11 所示。将金属液 3 浇入压室 4 中［图 4-11(a)］；动模 1 下行完成合型，压射冲头 5 向上运动，把金属液 3 压入型腔成型［图 4-11(b)］；等铸件冷凝后动模 1 上升［图 4-11(c)］；顶杆 8 推出铸件 6 和余料 7［图 4-11(d)］，完成一个压铸循环。

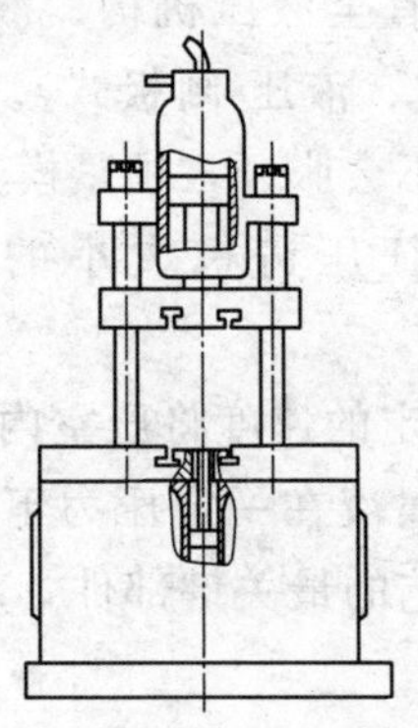

图 4-10　冷室全立式压铸机结构图

这种压铸机比同吨位其他压铸机占地面积小，高度较高，压射机构在下方，更换压室和维修工作不方便。但金属液进入模具型腔

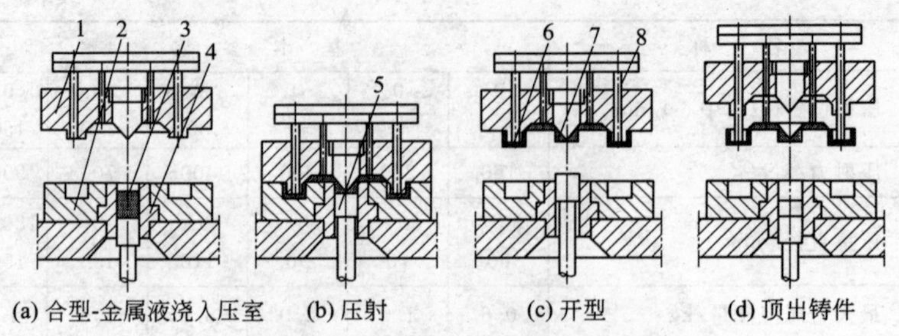

图 4-11 全立式压铸机的压铸过程

1—动模；2—定模；3—金属液；4—压室；5—压射冲头；6—铸件；7—余料；8—顶杆

时转折少，流程短，压力损失小，压铸模为水平分型，放置镶嵌件方便。广泛用于电机转子的压铸件，多为中小型机器，生产效率低。

4.3.2 压铸机的主要结构

① 合型机构带动压铸模开启和合拢，是开合模具及锁紧模具机构的简称。合型机构有全液压机构、液压驱动机械扩力式（液压-曲肘式、液压-斜楔式、液压-闸板式）。合模后的锁紧是要确保压射过程中模具分型面不会胀开，锁紧模具的力称锁模力，又称合型力，单位 kN，是表征压铸机大小的首要参数，见表 4-6～表 4-8。

② 压射机构是按规定的速度将压室内的金属液，经模具浇道，进入模具型腔，并让金属液在一定压力下凝固，形成铸件。因此，压射机构是实现压铸工艺的最关键部件，对获得优质压铸件具有决定性意义。

不同型号压铸机有不同的压射机构，主要组成部分类似。主要有压射（冲）头、压射杆、压射缸及增压器等组成。

③ 液压系统是为压铸机运行提供足够的动力和能量的。

④ 电气控制系统控制着压铸机各机构的执行动作，使之按预

定程序运行。

⑤ 所有零部件经过组合和装配构成压铸机整体，并固定在机座上。

⑥ 其他装置如先进的压铸机还带有参数检测、故障报警、压铸过程监控、计算机辅助生产的信息存储、调用、打印及其管理系统等。根据自动化程度配备自动喷涂（涂料）、浇注、取件等装置。

4.3.3 压铸机的选用

在生产中选用压铸机时首先应考虑到各种压铸机的特点选择压铸机种类。然后根据铸件的结构和重量大小来选择压铸机型号（大小）。压铸机型号选择需考虑以下几点。

(1) 所需合型力的核算 合型力是选用压铸机时的首要参数。合型力是防止金属液充型造成的压铸反力将分型面分开，以锁紧压铸模的分型面，保证铸件成型和质量，防止金属液从分型面溅出造成事故。为此，压铸机的合型力应为：

$$P \geqslant \frac{P_{反} + P_{法}}{K} \tag{4-1}$$

式中 P——压铸机的合型力，N；

$P_{反}$——压铸机的反力，N；

$P_{法}$——抽芯机构法向反力，N；

K——安全系数，一般取 0.85～0.95。

而压铸反力 $P_{反}$ 为：

$$P_{反} = FP_{b} \tag{4-2}$$

式中 F——铸件、浇注系统和溢流槽在分型面上总的投影面积，m^2；

P_{b}——最终的压射比压，Pa。

当压铸有活动型芯时，如图 4-12 所示。为防止活动型芯 3 受金属液的反作用力 $P_{反}$ 而产生位移，常在与活动型芯 3 连接滑块 4 的端面采用楔紧块 5，此时楔紧块 5 上将受到法向力 $P_{法}$ 的作用，其大小为：

$$P_{法}=P_{b}F_{法}\ \tan\alpha \tag{4-3}$$

式中 $P_{法}$——作用在楔紧块斜面上的法向分力，N；

$F_{法}$——活动型芯成型端面的投影面积，m^2；

α——楔紧块的楔紧角，rad。

总之，因 $P_{反}$ 和 $P_{法}$ 的作用会使定模与动模从分型面上分开，所以需压铸机有合型力 P 来使定模、动模锁紧。经以上计算，可得到压铸机合型力的大小。

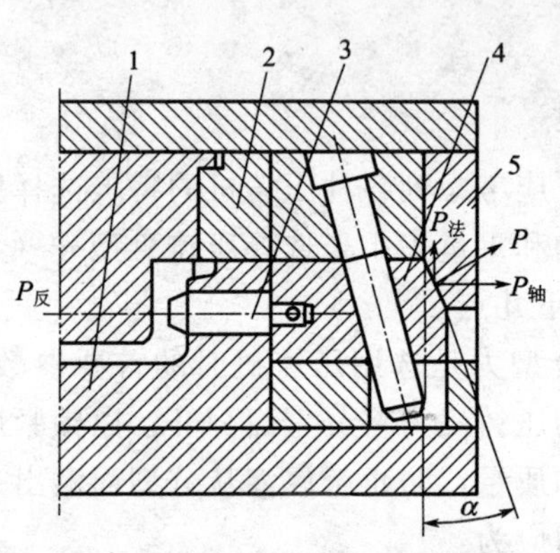

图 4-12 有活动型芯的压铸型

1—定模；2—动模；3—活动型芯；4—滑块；5—楔紧块

(2) 压室容量的核算 选压铸机大小的另一个需核算的参数是压室的容量，它能否大于每次浇注需要的金属量。表 4-6、表 4-7、表 4-8 压铸机基本参数中均有此项——最大金属浇注量。所需要的金属量应包括铸件、浇注系统、溢流槽和余料等全部金属量。

(3) 压铸模开合距离的核算 压铸机都有一定的最大和最小开合型距离，此距离应能使件顺利取出，在合型时又能保证动、定模严密锁紧。

为使压铸机合型后能严密锁紧压铸模分型面，要求压铸模总厚度和压铸机最小合型距离如图 4-13(a) 所示满足下式：

$$H_{合}>L_{最小}+K \tag{4-4}$$

式中 $H_{合}$——合型后压铸模的总厚度，mm，$H_{合}=H_1+H_2$；

$L_{最小}$——最小合型距离，mm；

K——安全值，一般取 20mm。

为使铸件顺利取出，要求压铸机的最大开型距离减去压铸模总厚度后应留有能取出铸件的距离，如图 4-13(b) 所示；能满足

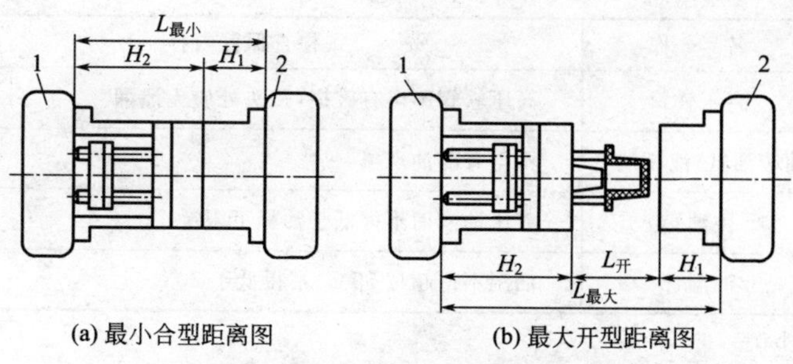

(a) 最小合型距离图 (b) 最大开型距离图

图 4-13 最小、最大合开型距离图

1—动模；2—定模

式(4-5)：

$$L_{开} < L_{最大} - H_{合} \tag{4-5}$$

式中 $L_{开}$——压铸模开型取出铸件（包括浇注系统）的最小距离，mm；

$L_{最大}$——最大开模距离，mm；

$H_{合}$——合型后压铸模的总厚度，mm。

表 4-6～表 4-8 均给出压铸模（型）最小、最大厚度，也给出动模（型）座板行程（即 $L_{开}$），可根据具体件进行核算。

4.3.4 压铸机保养和安全操作规程

① 压铸机检查保养要经常化，检查保养的主要内容见图 4-14、表 4-9。

表 4-9 压铸机检查保养主要内容

序号	名称	检查保养内容
1	润滑油箱	润滑油箱的润滑液面不低于油标下限
2	曲肘	曲肘是否充分润滑
3	急停按钮	急停按钮是否正常、有效
4	压缩空气表	压缩空气表读数不得低于 0.4MPa
5	蓄能器压力表	每次压射后，蓄能器压力表读数下降超过 300bar，则应充氮气

续表

序号	名　　称	检查保养内容
6	高压软管	高压软管不得有破损,接头处应无泄漏
7	抽芯油缸、液压油管	不得有漏油现象
8	主油箱	液压油液面不得低于油标下限
9	油温计	油温不得超过 55℃,不得低于 20℃

注:1bar=10^5Pa

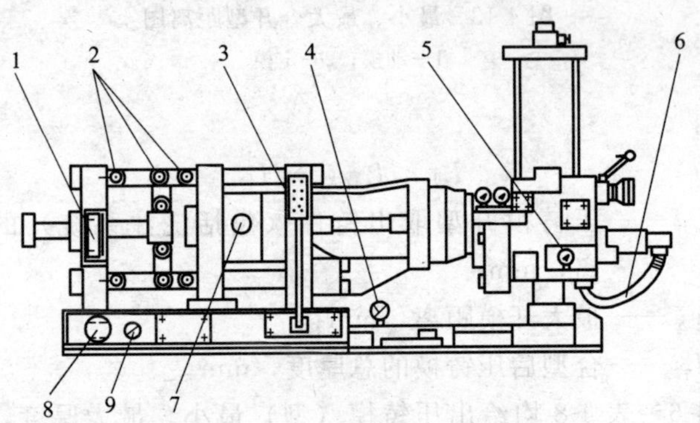

图 4-14　压铸机保养部件示意图

1—润滑油箱；2—曲肘；3—急停按钮；4—压缩空气表；5—蓄能器压力表；6—高压软管；7—抽芯油缸；8—主油箱；9—油温计

② 压铸机安全操作规程应严格遵守，主要注意以下几点。

严禁火源或热源靠近蓄能器和液压管路系统。不准用压缩空气清理电气箱。不要随意拆除、改动和调整安全防护装置与元件，需拆改和调整时必须征得机器制造厂家的支持。

每次开机前，应将机器作业范围内所有杂物、无关人员撤离。同时，要认真检查安全防护装置及行程开关和急停按钮是否正常。

启动油泵时，应确认各操作开关处于“停止”位置，才能启动油泵。如遇意外停机，则应将开关转到“手动”位置再启动油泵，然后调整到原位或执行所要求的动作。

在压铸机运行的过程中，人的身体和手不得伸到模具打开的空间中，不得将手伸到模具活动机构的运动空间中。清理压室和冲头时，不应将手伸入或接触压室。要修理模具必须切断电源，使机器处于停机状态。

压铸机维修时，必须切断电源，并设置“不准接通电源”的警示标示，或派专人看管电源开关。同时打开蓄能器的放油阀，将其中的液压油排空。拆卸蓄能器时必须将氮气放空。

4.4 压铸模

压铸模是进行压铸生产的主要工艺装备。它直接影响着压铸件的质量、成本和生产效率。压铸模是根据所生产的压铸件图样、技术要求、合金种类、批量和压铸机基本参数、安装尺寸为依据设计的，经制造、调试再定型，投入生产使用的。

4.4.1 压铸模结构

图 4-15 为压铸模基本结构示意图。图 4-16 是有活动型芯的压铸模结构图。从图 4-15 可以看出压铸模由定模 4 和动模 5 两个主要部分组成。定模固定在压铸机定模座板上，并与压铸机的压室连通。动模安装在压铸机的动模座板上。压铸机开动后，动模会随压铸机开合型机构运动，从而与定模合拢或分开，由导柱 2 定位。动模与动模座板间有推杆板等推出铸件的系统。

实际压铸模结构是很复杂的，从图 4-16 可看出，定模常由定模镶块 11、定模套板 9、浇口套 17、斜销 7 等组成的，动模也是一样。图 4-16 只是一个很简单的压铸件。整个压铸模归纳起来由以下部分组成。

① 成型部分决定着铸件形状、尺寸和精度。成模部分由定模、动模的固定和活动镶块与型芯构成。

② 型架部分是将压铸模各部分按一定规律和位置加以组合和固定，并安装在压铸机上的构架。如图 4-16 中动模座板 1、动模套

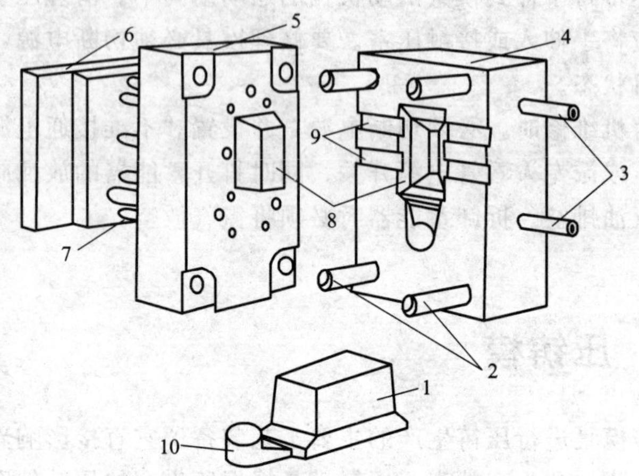

图 4-15 压铸模基本结构示意图

1—铸件；2—导柱；3—冷却水管；4—定模；5—动模；6—推杆板；7—推杆；8—型腔；9—排气槽；10—浇注系统

板 4、定模套板 9、定模座板 10 等。

③ 浇注系统及排溢系统。浇注系统是沟通压铸模型腔和压铸机压室部分的通道，即金属液流入型腔的通道。排溢系统是为了让金属液中气体、杂质排出铸件而设置的，是存放包裹着气体、涂料残存物的金属液和冷金属液的排气道、溢流槽。如图 4-16 中内浇口 14、横浇道 15、直浇道 16、浇口套 17、导流块 19 等。

④ 抽芯机构是抽拔出型芯和活块，以便铸件出型的机构。如图 4-16 中斜销 7、楔紧块 8、滑块 6、限位块 5。

⑤ 推出和复位机构它是用于模具开型时将铸件、浇注系统及溢流系统等从压铸模中推出的机构，以及模具合型时让推出机构复位的机构，如图 4-16 中推板导柱 22、推板导套 23、推杆 24、复位杆 25、推板 27、推杆固定板 28。

⑥ 导向装置。它是在合型时引导对准动模和定模的装置。如图 4-16 中导套 18、导柱 21。

⑦ 其他部分如有的压铸模上要设置冷却系统、加热系统、安

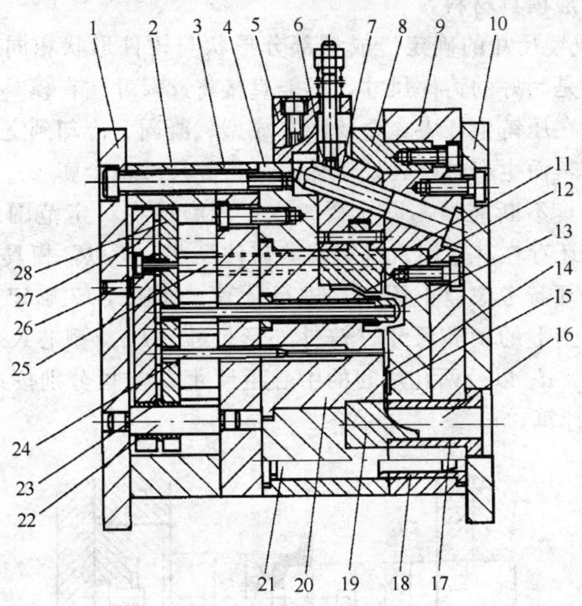

图 4-16 压铸模结构

1—动模座板；2—垫块；3—支承板；4—动模套板；5—限位块；6—滑块；7—斜销；8—楔紧块；9—定模套板；10—定模座板；11—定模镶块；12—活动型芯；13—型腔；14—内浇口；15—横浇道；16—直浇道；17—浇口套；18—导套；19—导流块；20—动模镶块；21—导柱；22—推板导柱；23—推板导套；24—推杆；25—复位杆；26—限位钉；27—推板；28—推杆固定板

全装置等。

4.4.2 成型部分

① 压铸模上形成铸件的部分是由定模、动模及型芯组成的。因为成型部分反复与金属液接触，工作条件恶劣，为提高其寿命，需使用好的模具材料，价格较贵。为此定、动模常常不是整体的，而是将成型部分用好材料做成镶块，如图 4-16 中的定模镶块 11、动模镶块 20，装在定模套板 9、动模套板 4 中。而定、动模套板就

可采用一般模具材料。

② 成型尺寸的确定。成型部分形状与铸件形状相同。但图纸上的尺寸是制好的铸件尺寸，不能直接将此尺寸注在模具相应尺寸上。因为在压铸生产中，金属液在成型、凝固、冷却到室温是会尺寸收缩的，而生产时模具处于热态，型腔尺寸也会膨胀。同时生产过程中模具不断磨损，尺寸会改变，但磨损在一定范围内是允许的。此外还存在其他因素也影响着铸件尺寸。所以，模具图上的每一个尺寸都需考虑以上因素，进行计算。如图 4-17 确定成型部分尺寸参考图上的型腔尺寸（铸件外形尺寸）D_x、型芯尺寸（铸件内腔尺寸）d_x 以及两孔之间的中心距尺寸 L_x，可分别按式(4-6)～式(4-8) 计算。

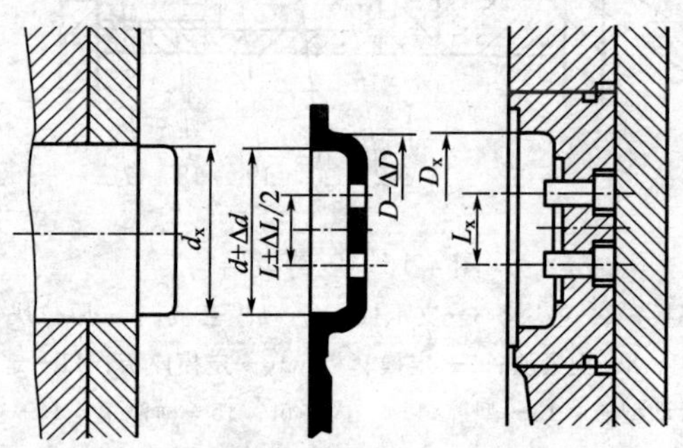

图 4-17 确定成型部分尺寸参考图

型腔尺寸：$D_x=(D_{max}+D_{max}K-n\Delta)+\Delta D_x$ (4-6)

型芯尺寸：$d_x=(d_{min}+d_{min}K+n\Delta)-\Delta d_x$ (4-7)

中心距尺寸：$L_x=(L+LK)\pm\Delta L_x$ (4-8)

式中 D_x、d_x、L_x——压铸模的型腔、型芯及中心距的尺寸，mm；

D_{max}——铸件外形的最大极限尺寸，mm；

d_{min}——铸件内腔的最小极限尺寸，mm；

L——铸件上中心距的平均尺寸，mm；

K——综合收缩率，%；

n——磨损系数，一般取 0.7；

Δ——铸件公称尺寸的公差，mm；

ΔD_x、Δd_x、ΔL_x——压铸模的型腔、型芯及中心距的制造公差，mm。

总之，压铸模成型部分尺寸计算十分复杂，设计、制造完成后还需要在试生产中加以调整。

4.4.3 浇注系统及排溢系统

浇注系统与型腔的排气条件是决定铸件质量的重要因素。

① 浇注系统一般由余料、直浇道、横浇道、内浇道等组成。各种压铸机的浇注系统见图 4-18。

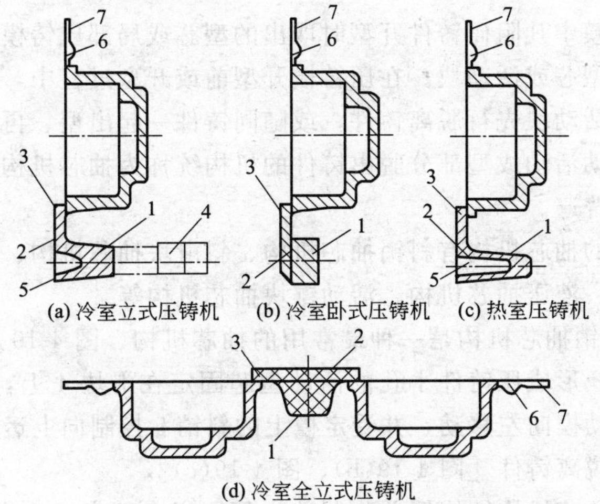

图 4-18 各种压铸机的浇注系统

1—直浇道；2—横浇道；3—内浇道（口）；4—余料；5—分流锥；6—溢流槽；7—排气槽

直浇道是传递压力的首要部分。冷室卧式和全立式压铸机，直浇道实际上是压铸机压室末端出口处的浇口套构成的。冷室立式和热室压铸机用的直浇道相似，通常都设有分流锥。

横浇道是将直浇道金属液引入内浇道的。为防止金属液裹气或出现涡流，横浇道截面积应保持均匀，或缓慢过渡。

内浇道的位置和方向影响着金属液的流态，内浇道的大小又影响金属液的充填速度。因此，需合理确定内浇道的位置、方向和大小。

② 溢流槽和排气槽：溢流槽除接纳型腔中的气体、夹杂物及冷金属外，还有可以调节型腔局部温度，改善充填条件等用途。溢流槽一般设置在金属液最先冲击或最后充填部位，或两股金属液汇合处，或铸件较厚、较薄处等。排气槽往往与溢流槽配合在一起，设在溢流槽后面以加强排气效果，但也可单独设置。

4.4.4 抽芯机构

压铸模中凡阻碍铸件开型时取出的型芯或局部压铸模都必须做成活动的型芯或活动块。在压铸模开型前或开型过程中，让这些活动型芯或活动块先行脱离铸件，或随同铸件一起出型、再从铸件上拆出。带动活动成型部分脱出铸件的机构统称为抽芯机构，在压铸模中使用普遍。

常见的抽芯机构有斜销抽芯机构、斜滑块抽芯机构、齿轮齿条抽芯机构、液压抽芯机构、活动镶块抽芯机构等。

① 斜销抽芯机构是一种最常用的抽芯机构、图 4-19 是工作过程示意图。形成压铸件小孔的活动型芯固定在滑块 4 上，开型时，滑块 4 随动模向左移动，并受定模上的斜销 5 控制向上运动，带动活动型芯脱离铸件［图 4-19(b)、图 4-19(c)］。

斜销抽芯机构结构简单、制造方便、安全可靠，生产效率高，有较大的抽芯力，使用广泛。但抽芯距离短。

② 斜滑块抽芯机构的特点是抽芯与推出铸件同时完成。在抽芯距离短，特别是侧面有不深或不高的凹凸形状的中小型铸件，采用它方便而简单。图 4-20 是外侧抽芯过程示意图，图 4-20(a) 为合型状态，图 4-20(b) 为开型推出铸件状态，从 4-20(b) 可以看出抽芯与推出铸件是同时完成的，外框带凹凸形状的型腔块在开型

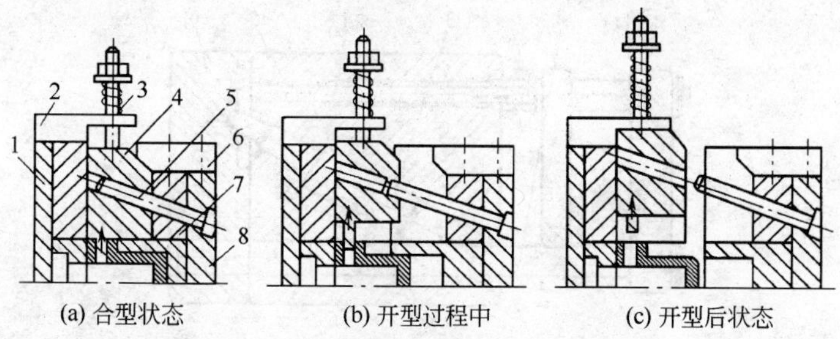

(a) 合型状态　(b) 开型过程中　(c) 开型后状态

图 4-19　斜销抽芯过程示意图

1—动型座板；2—限位块；3—弹簧；4—滑块；
5—斜销；6—压块；7—定型板；8—定型压板

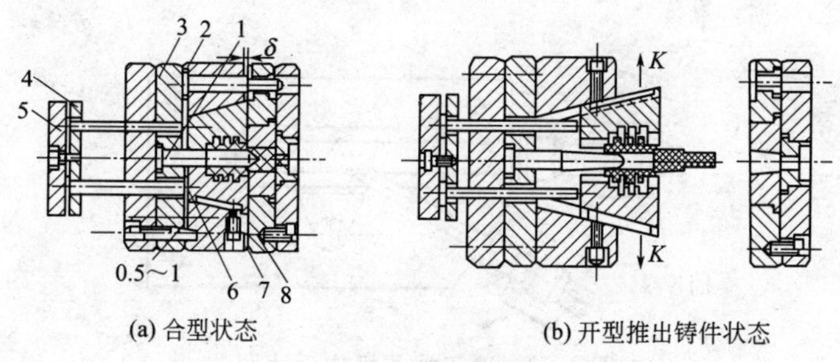

(a) 合型状态　(b) 开型推出铸件状态

图 4-20　外侧抽芯机构的动作过程

1—型芯；2—动型套板；3—型芯固定板；4—推杆固定板；
5—推杆；6—斜滑块；7—限位螺杆；8—定型套板

时沿斜面向上滑（K 方向），从而完成抽芯过程。

③ 齿轮齿条抽芯机构示意图如图 4-21 所示。当开型时，安装在动模上的传动齿轮 8 受到固定板 1 上的齿条 2 作用而转动，同时带动活动齿轮 3 运动，从而使与活动齿条 3 做成一体的型芯抽出。该抽芯机构适用于抽芯距离较长，抽芯方向与分型面成一角度，斜销无法抽动的型芯。

④ 液压抽芯机构示意图如图 4-22 所示。该抽芯机构能抽出任何方向的型芯，抽拔力大，距离可较长，并可随时开动，传动平

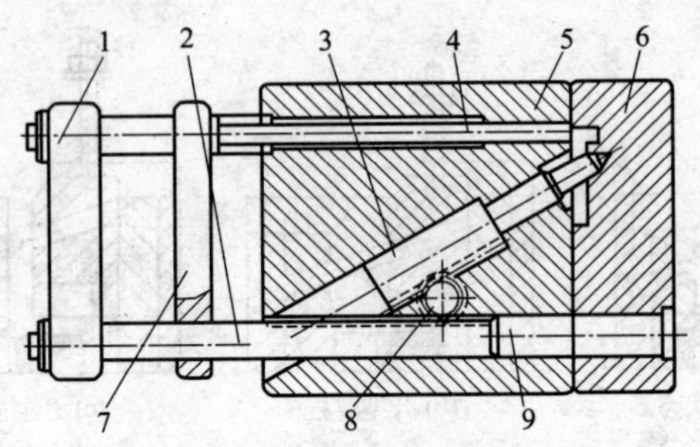

图 4-21 齿轮齿条机构

1—齿条固定板；2—齿条；3—活动齿条；4—推杆；5—动型；6—定型；7—推杆固定板；8—齿轮；9—复位杆

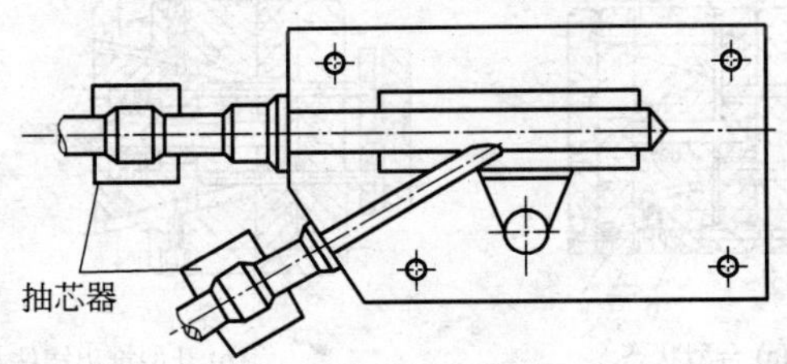

图 4-22 液压抽芯机构示意图

稳，使用较方便、灵活。

4.4.5 压铸模的安装与维护（表 4-10、表 4-11）

表 4-10 压铸模的安装

序号	名称	操作要点
1	了解结构	压铸模安装前应了解其基本结构
2	清洁模具	打开动、定模，去除油封，擦净模具上的污物及锈蚀
3	检查活动部分	检查模具活动部分，如滑块、推杆、复位杆等位置是否准确，有无歪斜和卡滞现象，固定零件是否窜动
4	检查有无缺陷	全面检查分型面、型腔表面、型芯、导柱、斜拉杆等有无碰伤凹痕、裂纹等缺陷，装配位置是否正确

续表

序号	名称	操作要点
5	检查液压抽拔器	有液压抽芯机构的模具，要检查液压抽拔器安装是否正确，动作是否灵活，调整好抽芯距离
6	检查水冷系统	有水冷系统的模具，要检查冷却水路是否畅通，不得有渗漏现象，要分清进水口、出水口，不得混淆
7	吊装模具	检查模具吊环螺钉的强度，应符合 GB 825 的规定 吊车吊起模具后在空中移动时要防止与压铸机、控制柜和大杠相撞
8	模具安装	安装时要让模具浇口套对准压铸机的容杯，可根据模具外形尺寸调节压铸机的压射部分高低。然后安装模具的压板及螺栓，紧固之，注意不能松动，安装过程中严禁用硬钢棒、铁榔头敲击模具

表 4-11 压铸模维护

序号	名　称	要　点
1	装卸模具	保护模具不碰伤，严禁用硬钢棒、铁榔头等敲击模具，装卸时必须时只能用软的铜、铝或铅棒、木榔头
2	压铸铸件	①浇注金属液前模具应按工艺规范预热，不应用金属液直接烫模具 ②合理的喷涂料，保护模具 ③模具冷却应尽可能使用模温机
3	模具保存	模具长期不使用，入库前应擦洗干净，在所有零件表面涂上防锈剂，然后入库保存
4	模具维修	①模具黏有金属铝时可用油石打光，注意不要将模具型腔、型芯磨成倒斜度或凹陷 ②模具压铸一定数量后要进行消除应力处理。新模具一般压铸 5000～10000 次后进行第一次应力回火，以后每压铸 10000～20000 次后进行一次去应力处理。去应力回火温度比原来回火温度低 30～50℃

4.5 压铸工艺

压铸机、压铸合金和压铸模是压铸生产中的三大基本要素。而压铸工艺则是将这三大要素有机地组合并加以运用的过程，具体体现在压铸工艺参数的选择及工艺措施的实施中。压铸工艺参数有压力、速度、温度、时间参数等。

4.5.1 压力参数

压力是压铸过程中最基本的工艺参数。压力来源于高压泵，并借助蓄能器传递给压射活塞，再通过压射冲头施力于压室内的合金液，使其完成充型、凝固过程，从而获得轮廓清晰、组织致密的压铸件。在压铸过程中压力参数有压射力和压射比压。

① 压射力是压铸机的压射机构推动压射活塞运动的力，又分填充压射力和增压压射力。填充压射力为：

$$F_y = P_g A_D = P_g \pi D^2/4 \tag{4-9}$$

式中 F_y——填充压射力，N；

P_g——液压系统的管路工作压力，MPa；

A_D——压铸机压射缸活塞的面积，cm^2；$A_D=\pi D^2/4$，D 为压射缸活塞的直径，cm。

有增压机构时增压压射力为：

$$F_{yz} = P_{gz} A_D = P_{gz} \pi D^2/4 \tag{4-10}$$

式中 F_{yz}——增压压射力，N；

P_{gz}——压射缸内增压后的液压压力，MPa；

A_D——（与上式同）压铸机压射缸活塞的面积，cm^2。

压射力在压铸过程中有四个不同阶段：压射冲头低速前进封住浇料口称Ⅰ阶段，将合金液压到压铸模内浇道处称Ⅱ阶段，充型称Ⅲ阶段，压力下凝固称Ⅳ阶段，见图4-23。每个阶段的压力都不同，分别为 P_1、P_2、P_3、P_4。P_1 是克服压室与压射冲头、液压缸与活塞间的摩擦阻力，不必太大。P_2 是克服浇注系统阻力将合金液压到内浇道处，$P_2>P_1$。P_3 是为了让合金液充满型腔、成型，压力应更大 $P_3>P_2$。P_4 是为了让铸件在压力下凝固，提高其密度，故需进一步增压，$P_4>P_3$。

② 压射比压是压室内合金液单位面积上所受压力。又分压射（填充）比压和增压比压。压射比压为：

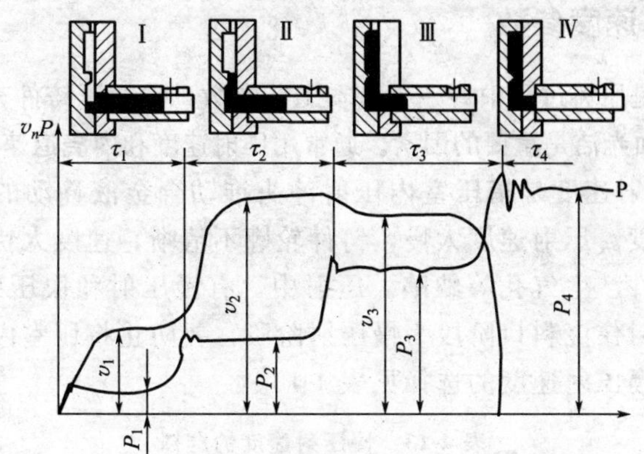

图 4-23 压铸不同阶段，压射冲头运动速度与压力变化

$$P_b = F_y / A_d \tag{4-11}$$

式中 P_b——压射（填充）比压，MPa；

F_y——填充压射力，N；

A_d——压室压射冲头的面积，cm²，$A_d = \pi d^2/4$，d 为压射冲头直径，cm。

增压比压的计算为

$$P_{bz} = F_{yz} / A_d \tag{4-12}$$

式中 P_{bz}——增压比压，MPa；

F_{yz}——增压压射力，N；

A_d——（与上式相同）压射冲头的面积，cm²。

压射比压影响压铸件质量，应认真选择，各种压铸合金用压射比压推荐值见表 4-12。

表 4-12 压射比压推荐值 单位：MPa

压铸件类型	锌合金	铝合金	镁合金	铜合金
一般件	13～20	30～50	30～50	40～50
承载件	20～30	50～80	50～80	50～80
耐气密性件或大平面薄壁件	25～40	80～120	80～100	60～100
电镀件	20～30			

4.5.2 速度参数

速度是压铸过程中另一个基本工艺参数，它对压铸件充满、轮廓清晰、表面光洁是重要的因素。通常用压射速度和内浇道速度来表示。

① 压射速度是指压室内压射冲头推动合金液移动的速度，也称冲头速度。压射速度太慢，铸件轮廓不清晰，速度太快，容易卷气，使铸件产生气孔等缺陷。压射中，有慢压射和快压射两阶段。冲头前进封住浇料口阶段为慢压射阶段，要防止将压室内空气卷入合金液，慢压射速度的选择见表4-13。

表4-13 慢压射速度的选择

压室充满度/%	≤30	30～60	>60
压射速度/(cm/s)	30～60	20～30	10～20

随后的快压射阶段的快压射速度可按式(4-13)计算：

$$v_{yn}=4V/\pi d^2 t\times[1+(n-1)\times 0.1] \tag{4-13}$$

式中 v_{yn}——快压射速度，cm/s；

V——型腔容积，cm^3；

n——型腔数目；

d——压射冲头直径，cm；

t——充填时间，s，参考表4-14选取。

表4-14 不同情况下的充填时间值 单位：s

合金种类		铅合金、锡合金	锌合金	铝合金	镁合金、铜合金
铸件壁厚	均匀	0.072	0.060	0.054	0.048
	不均匀	0.108	0.090	0.081	0.054

用式(4-13)计算得到的压射速度为获得最佳质量压铸件的最低速度，一般需要提高1.2倍。对有较大镶嵌件或用大压铸模压小铸件时可提高1.5～2倍。

② 内浇道速度是指合金液通过内浇道进入型腔的线速度，又称充填速度，它直接影响铸件成型和质量。较高的内浇道速度对成

型和轮廓清晰有好处，但速度过高合金液呈雾状充填型腔，易卷气或黏附型壁，并易形成表面缺陷和氧化夹杂，加速压铸模的磨损。表 4-15 为充填速度推荐值。

表 4-15 充填速度推荐值 单位：m/s

合金种类	铝合金	锌合金	镁合金	黄铜
充填速度	20～60	30～50	40～90	20～50

注：铸件壁薄、表面质量要求较高时选用较大值；强度、致密度要求较高时选用较小值。

4.5.3 温度参数

合金液的浇注温度、压铸模的预热温度和连续工作时的模温都是压铸过程的温度参数，它们均影响着铸件的质量和生产效率。

① 合金液的浇注温度是指合金液从压室进入型腔时其平均温度，通常用保温炉的温度表示。它一般应高于压铸合金液相线温度 20～30℃。表 4-16 是各种压铸合金浇注温度推荐值。

② 压铸模温度，压铸模在首次压射前应预热，而连续工作中为保证铸件质量要求它温度保持一定。各种压铸合金的压铸模温度推荐值见表 4-17，对薄壁复杂件取上限，对厚壁简单件取下限。

表 4-16 各种压铸合金浇注温度推荐值 单位：℃

合金		铸件壁厚＜mm		铸件壁厚＞3mm	
		结构简单	结构复杂	结构简单	结构复杂
锌合金	含铝的	420～440	430～460	410～430	420～440
	含铜的	520～540	530～550	510～530	520～540
铝合金	含硅的	610～630	640～680	590～630	610～630
	含铜的	620～650	640～700	600～640	620～650
	含镁的	640～660	660～700	620～660	640～670
镁合金		640～680	660～700	620～660	640～680
铜合金	普通黄铜	850～900	870～920	820～860	850～900
	硅黄铜	870～910	880～920	850～900	870～910

注：1. 浇注温度一般以保温炉合金液温度表示。

2. 锌合金温度不宜超过 450℃，否则会结晶粗大。

表 4-17 各种压铸合金的压铸模温度推荐值 单位：℃

合金	温度种类	壁厚＜3mm		壁厚＜3mm	
		结构简单	结构复杂	结构简单	结构复杂
铅锡合金	连续工作温度	85～95	90～100	80～90	85～100
锌合金	预热温度 连续工作保持温度	130～180 180～200	150～200 190～220	110～140 140～170	120～150 150～200
铝合金	预热温度 连续工作保持温度	150～180 160～240	200～230 250～280	120～150 150～180	150～180 180～200
铝镁合金	预热温度 连续工作保持温度	170～190 200～220	220～240 260～280	150～170 180～200	170～190 200～240
镁合金	预热温度 连续工作保持温度	150～180 180～240	200～230 250～280	120～150 150～180	150～180 180～220
铜合金	预热温度 连续工作保持温度	200～230 300～330	230～250 330～350	170～200 250～300	200～230 300～350

4.5.4 时间参数

填充时间、增压时间、持压时间和留型时间在压铸工艺中非常重要。它与各种工艺因素（比压、充填速度、内浇截面积等）有着相互制约、密切的关系。

① 充填时间是指从合金液开始进入型腔到充满为止所需时间。它应以金属液尚未全部凝固就填充完毕。与充填时间有关的因素有：件大小、壁厚、复杂程度、合金种类、内浇道速度、合金液浇注温度、压铸模温度、排气效果、涂料等。表 4-18 为推荐的铸件充填时间。

表 4-18 铸件的平均壁厚与填充时间、内浇道速度的关系

铸件平均壁厚/mm	填充时间/s	内浇道速度/(m/s)	铸件平均壁厚/mm	填充时间/s	内浇道速度/(m/s)
1	0.010～0.014	46～55	5	0.048～0.072	32～40
1.5	0.014～0.020	44～53	6	0.056～0.084	30～37
2	0.018～0.026	42～50	7	0.066～0.100	28～34
2.5	0.022～0.032	40～48	8	0.076～0.116	26～32
3	0.028～0.040	38～46	9	0.088～0.138	24～29
3.5	0.034～0.050	36～44	10	0.100～0.160	22～27
4	0.040～0.060	34～42			

② 增压时间是指合金液充满型后到达增压压力所需时间，它越短越好。否则内浇道会凝固，无法传递压力。

③ 持压时间是指合金液充满型腔到凝固前，压射力继续保持着作用的这段时间。持压时间不足易使铸件产生缩孔、缩松等。但持压时间过长会影响生产率，引起立式压铸机余料切除困难。常用持压时间见表 4-19。

表 4-19 常用持压时间 单位：s

合金种类		锌合金	铝合金	镁合金	铜合金
铸件壁厚	≤2.5mm	1～2	1～2	1～2	2～3
	2.5～6mm	3～7	3～8	3～8	5～10

④ 留型时间是指从持压时间终到开型取铸件所需时间。留型时间的长短影响铸件的出型温度。留型时间太短，铸件出型温度太高，铸件推出时易变形；反之，合金收缩大可能引起铸件开裂，或顶出困难。推荐的留型时间见表 4-20。对于热室压铸机生产薄壁（<3mm）件时，留型时间可再短些。

表 4-20 常用留型时间 单位：s

合金种类		锌合金	铝合金	镁合金	铜合金
铸件壁厚	<3mm	5～10	7～12	7～12	8～15
	3～6mm	7～12	10～15	10～15	15～20
	>6mm	20～25	25～30	15～25	25～30

压力、速度、温度和时间各参数之间不是孤立的，在压铸生产工艺中它们相互制约又相互呼应。在实践中，应综合分析、合理选用。

4.5.5 其他工艺参数

① 定量浇注：用冷室压铸机生产时，为稳定压铸模的热规范，还需使每次浇入压室的金属液量变化很小，即定量浇注。金属液浇入量应为压铸件、浇注系统、排溢系统和余料饼的总量。

② 余料饼厚度：冷室压铸机在压射过程完成时，留在压室内

的一定厚度的金属余料称余料饼。余料饼的厚度对金属液凝固阶段压力的传递是起着决定性作用的。余料饼过薄，则自身会过早凝固，无法将增压压力传递到型腔内；但余料饼过厚，则消耗在它上的增压压力过多，同样使型腔中压力不足。合适的余料饼厚度大致小于余料饼直径的一半。

③ 压室充满度是指浇入压室的金属液体积占压室容积的百分数。一般压室充满度以50%～70%为宜。

4.5.6 压铸涂料

为保护压铸模预防粘模、减小金属液对模具的冲刷作用、减小铸件与模具成型部分的摩擦等，改善压铸件表面质量，减少抽芯、推出元件及压室和冲头间的阻力等，需使用涂料。

压铸涂料的挥发点应低，在100～150℃时稀释剂能快速挥发，发气性要小、无腐蚀性、无毒，在高温时能保持良好的润湿性、成膜均匀、抗冲刷、残留物少、性能稳定、价格合理。

涂料的种类很多，从用途上分为压铸涂料、分型剂、冲头润滑剂、清洗剂等；从成分分为油基涂料、水基涂料、树脂基（静电粉末）涂料。油基涂料的溶剂为矿物油、合成油，性能能满足要求，但铸件表面存在燃烧残迹或残留物。水基涂料有较强的冷却能力，无污染、发气和残留物少，使件表面质量得到改善。树脂基涂料有很好的润湿性和成膜性是一种较理想的涂料。

现大多数工厂不自己配涂料，而从专业工厂购买涂料使用，表4-21是部分压铸涂料及应用范围，供参考。

表4-21 部分压铸用涂料及应用范围

序号	型号或代号	种类与特征	稀释比与配比	应用范围	说明
1	W-13型	水基：白色，pH=7～9，密度：0.9～1.0g/cm³，无异味	1∶50～100	中小型铝合金铸件	在温度不高于45℃、通风处保存，存期6个月
	W-14型			锌合金压铸件	
	W-15型			中大型铝合金铸件	

续表

序号	型号或代号	种类与特征	稀释比与配比	应用范围	说明
2	YT-P	水基：乳白色	1∶10～80	型腔与浇注系统	喷涂
3	GLY-1	水基：乳白色	1∶10～20	铝合金压铸件	
4	H-型	油基：褐色，密度0.9～1.0g/cm³，无异味	用原液，不允许加水或油	冲头和压射室	保存温度不高于45℃
5	胶体石墨	水基和油基两种，液体	原体	主要用于铝合金型腔、压室、浇注系统	喷涂，刷涂
6	机油石墨	油基：黑褐色，液体	w(全损耗系统用)＝机油95%，w(石墨)＝5%，将石墨粉加入全损耗系统用油搅拌均匀	冲头和各种活动部分	涂刷
7	GR316	混合型：乳白色，液体	水、硅酮类加合成油	小中型压铸件	喷涂
8	PL800	混合型：琥珀色，液体，混合油	不稀释	冲头、压室尤其大直径压室	滴涂或注入

4.6 压铸生产

压铸生产包括：压铸模制造、合金熔炼、压铸准备、压铸和清理检验，如图4-24所示。这里主要围绕压铸和清理检验讲述金属液的供给、模具预热、涂料喷涂、浇注、取件、铸件后处理、压铸工的安全操作规程。

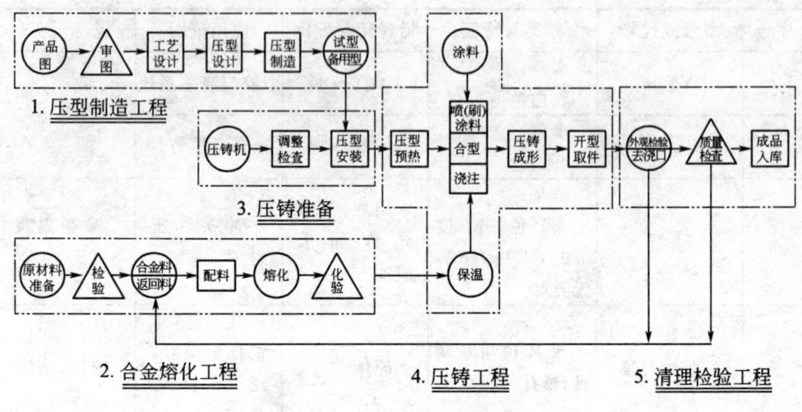

图 4-24 压铸生产流程

4.6.1 金属液的供给

压铸厂的熔化炉常常集中在熔化区，完成各种合金和牌号的熔炼任务。而每台压铸机则有单独的保温炉，负责合金液保温。热室压铸机的保温炉与压铸机为一体（图 4-4），冷室压铸机与保温炉不是一体的，常在每台冷室压铸机边上放一台保温炉供其使用。

金属液从熔化炉到保温炉的供给方法：铝合金或锌合金采用中间包或管道输送法；镁合金因极易氧化、燃烧、凝固，为防止氧化应在保护气体覆盖下熔化、封闭式输送。

铝合金或锌合金使用较多的为中间包输送法。小压铸厂用人工抬包；中、大型压铸厂用桥式起重机吊运转包，或用叉车运中间包，或用自动轨道输送包。自动轨道输送是当某台保温炉液面降到一定高度时就会发出信号，自动转包便会从熔化炉中取金属液送去，加到保温炉中。大规模生产的压铸厂也可用管道输送，如图 4-25 所示为金属液槽式输送示意图。金属液在集中熔化炉 1 中熔化合格后贮存在前炉 2 和缓冲炉 3 中，熔化炉通过流槽 5 与压铸机 7 的保温炉 6 相联通，由液面高度控制炉 4 来控制金属液流向保温炉。

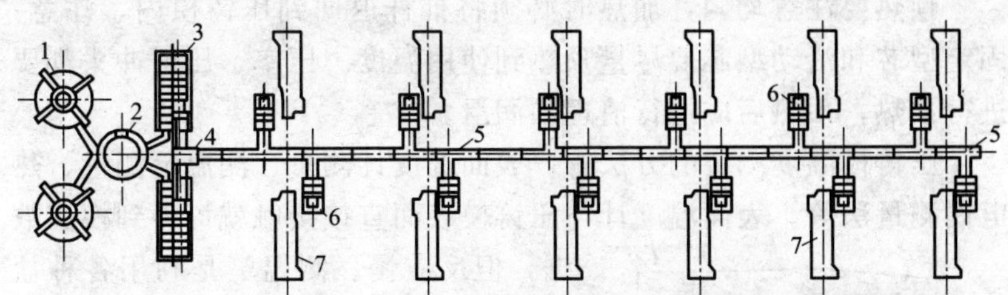

图 4-25　金属液槽式输送示意图

1—集中熔化炉；2—前炉；3—缓冲炉；4—液面高度控制炉；5—流槽；6—保温炉；7—压铸机

4.6.2 模具预热

压铸生产前应对模具进行预热，防止金属液压入模具后被激冷不能成型，或铸件表面不清晰等，同时也防止压铸模因急热产生的内应力影响模具寿命。

模具预热应使压铸模达到规定的温度，并各处温度均匀。压铸模预热的方法有煤气加热、电加热、远红外加热、喷灯加热等，见图 4-26。

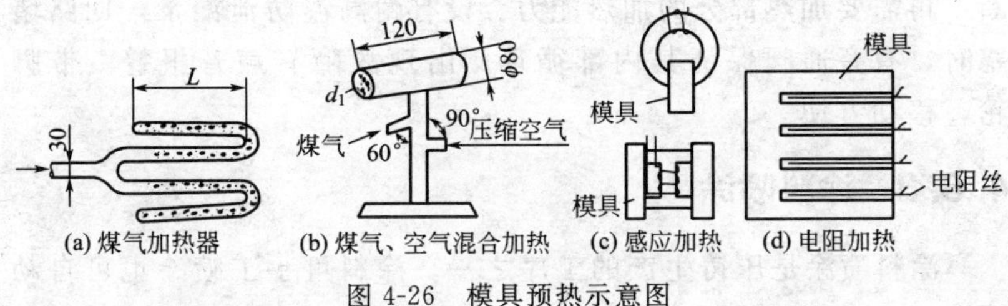

图 4-26　模具预热示意图

煤气加热法的特点是结构简单、制造方便、火力均匀、成本低廉，效果较好。电加热器有感应加热器、电阻加热器［图 4-26(c)、(d)］，加热洁净，使用方便，加热均匀，操作安全，但耗电量大、成本高。远红外加热简单、比电阻式加热器节电 30%～50%，成本低。

预热要注意均匀，加热时必须将推杆退回到压铸模内。注意：固定型芯和活动型芯要尽量预热到使用温度。压室、压射冲头都要进行预热，预热后应进行清理和润滑。

压铸模温度测定的方法有：表面温度计测量、测温笔测量、热电偶测量法等。表面温度计与压铸模表面直接接触就可得到模温数据，但反应慢。测温笔是利用各种盐类的熔点在不同温度下颜色不同的特性测定模温，使用方便，但得不到具体读数，只能测得一定的温度范围。热电偶测量是将热电偶插入压铸模加工口处，从二次仪表上读出压铸模温度。

图 4-27　模温机

压铸模温度控制可用图 4-27 所示的模温机，其品种很多。一般可在模具中设热电偶控温。该类模温机可设定需要的模具温度，并显示实际温度，当温差超过 5°时，会自动报警。加热功率可调，可自动切断不再需要加热部分的加热能力。设有耐高温防泄漏泵，回路堵塞时，有旁通阀保证其内部循环。出现故障有声音报警。带脚轮，移动方便。

4.6.3 涂料喷涂

涂料喷涂是压铸生产的工序之一。涂料可手工喷涂也可自动喷涂。

图 4-28 是涂料混合机。手工喷涂可使用喷枪，图 4-29 所示为二位自吸可调式双管喷枪、复合管喷枪、二位自吸式双头喷枪。

自动喷涂有固定式、移动式、静电式几种。固定式使用于小型压铸机压铸简单件上，喷头固定在动模或定模上，喷涂时间和喷涂量可以调节，但涂料覆盖压铸模的面积有限。移动式喷头上装多个喷嘴，可垂直或水平运动，喷嘴可调、灵活方便，用于大中型压铸机压铸复杂铸件时。静电式自动喷涂可用于各种压铸机上，但压铸模要有温度测量及控制条件，它是在喷枪上装温度传感器，按压铸模温度来调节喷涂时间，涂层均匀，但价格高。

图 4-28 涂料混合机

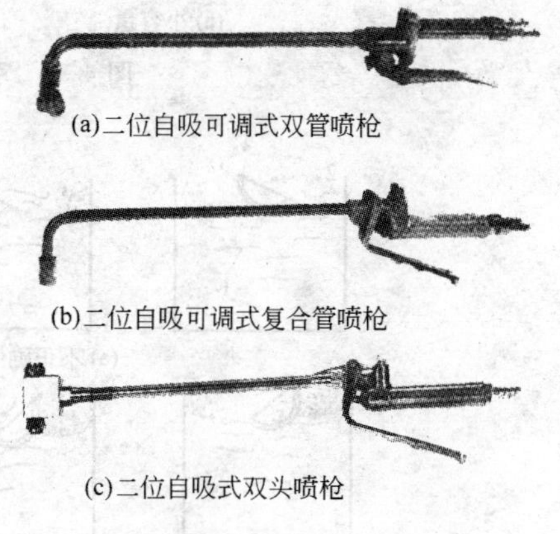

(a)二位自吸可调式双管喷枪

(b)二位自吸可调式复合管喷枪

(c)二位自吸式双头喷枪

图 4-29 自吸式喷枪

4.6.4 浇注

浇注是指将保温炉中金属液浇入压室中。热室压铸机的保温炉与压室在一起，可以自给金属液。冷室压铸机的浇注可采用手工浇注或机械化浇注。

一般中、小型压铸机仍然采用手工浇注。手工浇勺的形状见图 4-30。舀料时应防止将渣或氧化膜舀到勺内，图 4-31 是不正确使用勺和正确使用勺舀料的示意图，不正确使用勺舀料会将金属液中的渣与氧化膜舀到勺内。

一些大中型压铸机、自动化水平高的压铸机则采用机械式浇注。机械式浇注方式很多，有直线往复浇注、回转式浇注、减压式自动浇注、气动式自动浇注、电磁泵自动浇注等，各种浇注方式都有自己的特点。在生产中应用较多的是回转式自动浇注和减压式自动浇注。图 4-32 是回转式自动浇注装置示意图。该法工作可靠，

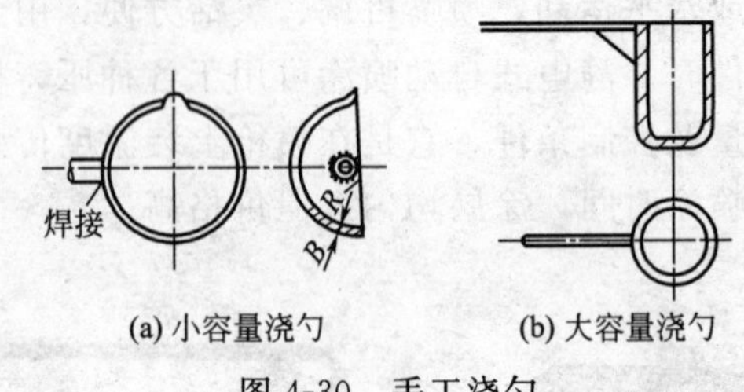

(a) 小容量浇勺 (b) 大容量浇勺

图 4-30 手工浇勺

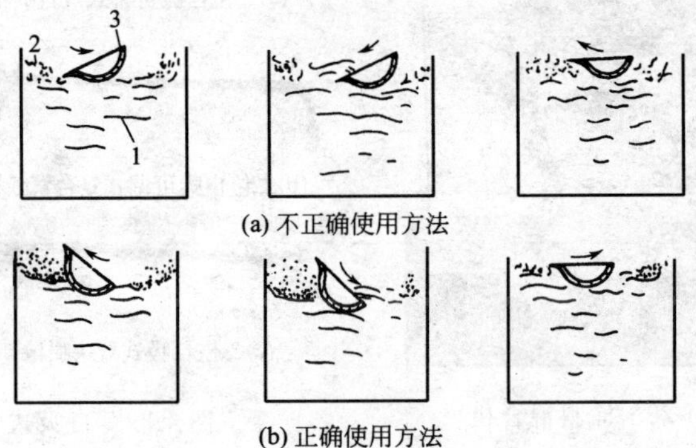

(a) 不正确使用方法

(b) 正确使用方法

图 4-31 舀料方法

1—金属液；2—渣或氧化膜；3—浇料勺

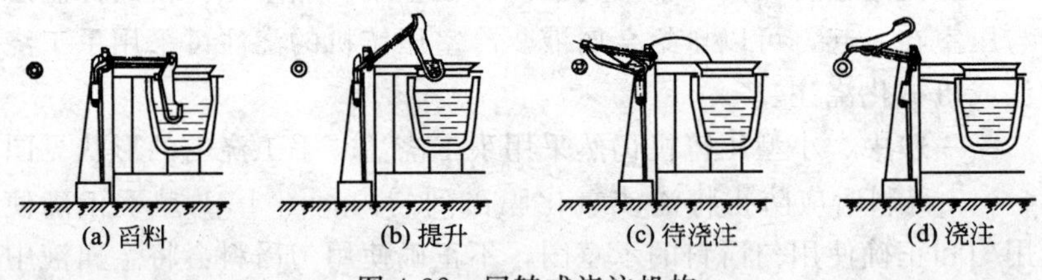

(a) 舀料 (b) 提升 (c) 待浇注 (d) 浇注

图 4-32 回转式浇注机构

定量比较准确，使用灵活性大。但浇包要经常更换、对金属液搅动大，易产生夹杂。

4.6.5 取件

一般压铸机取件由工人手工取件，工人随着压铸模开模、顶件的操作，将铸件从压铸模中取出。一些大中型压铸机，自动化水平高的压铸机则采用机械手取件。图 4-33 是自动取件机械手取件示意图。

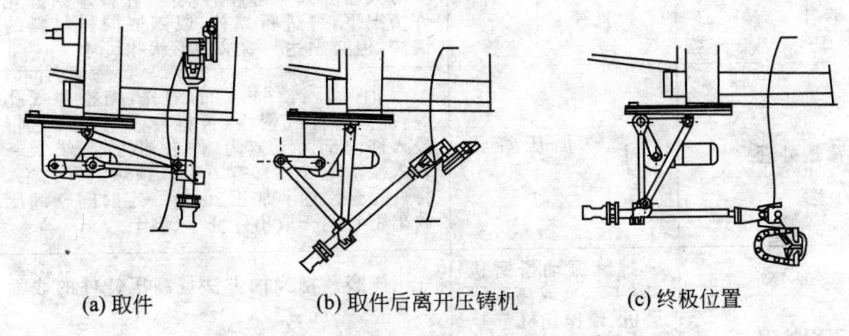

(a) 取件　(b) 取件后离开压铸机　(c) 终极位置

图 4-33 自动取件机械手取件示意图

4.6.6 压铸件的清理与后处理

压铸件是精密铸件，需重视压铸件的清理和后处理，包括：去毛刺、切浇道、磨浇道、矫正变形、稳定处理、修补、渗透处理、表面处理等。各工序用设备及使用要点见表 4-22。

表 4-22 压铸件的清理与后处理

工序		所用设备	使用要点
去毛刺		切边模压床或冲床	利用和压铸件形状相似的模具，一次清除毛刺、飞翅、浇道、溢流槽、排气道
		钻床	清理深孔、深腔的毛刺、飞翅
切浇道		锯床、车床或铣床	切除中心浇口或较厚的内浇道、溢流槽等浇注及溢流系统
磨浇道		砂轮、砂带机	利用油或油水混合物润湿，打磨浇道和毛刺
变形矫正	热矫正	热处理炉 压床或液压机	把铸件加热到退火温度，用专用工具在压床、液压机上或用手工加压进行矫正
	冷矫正	压床或液压机	在室温情况下，用专用工具进行手工或机械矫正
稳定处理		热处理炉	为稳定尺寸和消除应力有时需进行此处理，退火或时效处理，不同合金时效规范见表 4-23

续表

工序	所用设备	使用要点
修补	焊机等	对大型复杂压铸件的缺陷，在技术条件允许情况下，可进行焊补，或镶嵌同样材料的镶块，但必须达到要求的形状和尺寸
渗透处理	真空加压浸渗装置	为消除压铸件内部的缩孔，缩松和气孔等，提高铸件气密性，可将浸渗剂（密封剂）浸入件内部。工艺为：件去油污等、烘干→装入浸渗罐→在真空下吸入预热的密封剂、将件完全浸泡→加压、保持一定时间→卸压放出密封剂→取出件洗净、烘干
表面处理	螺旋振动研磨机（图4-34）、或离心研磨机、或抛光机	用研磨及抛光的方法提高压铸件的表面质量
	吊钩式喷丸清理机或履带式抛丸清理机（图4-35）	喷丸使铸件表面强化，色泽光亮、细致美观，并提高件抗腐蚀能力。新型弹丸及其特点见表4-24，使用建议见表4-25

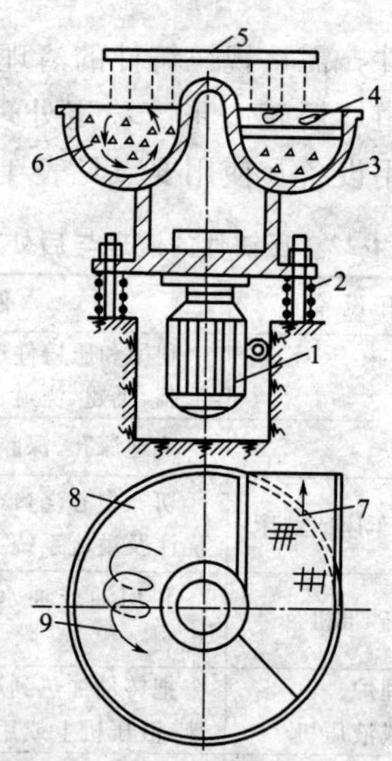

图4-34 螺旋振动研磨机

1—电动机；2—弹簧；3—螺壳；4—栅格；5—喷水嘴；
6—橡胶衬；7—铸件出口；8—加铸件处；
9—铸件和模料运动方向

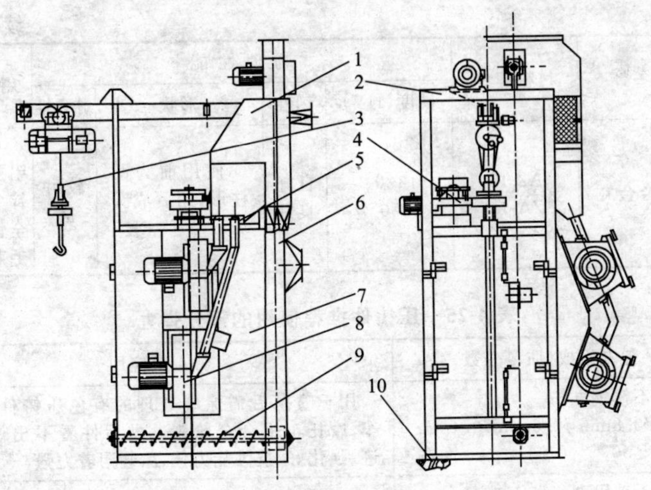

图 4-35　Q376B 型吊钩式抛丸清理机

1—分离器；2—导轨支架；3—电葫芦；4—吊钩式自传装置；5—弹丸控制系统；6—提升机；7—抛丸室；8—抛丸器总成；9—螺旋输送机；10—地基

表 4-23　压铸件时效和负温时效规范

合　金	热处理形式	加热温度/℃	保温时间/h	干　燥		冷却方法
				温度/℃	时间/h	
锌合金 铝合金 镁合金 铜合金	时效 时效 时效 退火	95±5 175±5 150～190 250～300	2.5～3.0 2.0～3.0 3.0～5.0 1.5～2.5	— — — —	— — — —	空冷 空冷 随炉冷 空冷
各种合金	负温时效	－50～－60	2(＜2kg) 3(＞3kg)	50～60	2.0～3.0	空冷

表 4-24　新型弹丸机特性

弹丸名称	材料牌号	物理性能				用　途
		硬度(HV)	韧性	形状	耐磨性	
不锈钢切丝丸	SU304、302、403	≥450	良好	使用前为圆柱形，切面收缩＞30%，用后成圆珠形	耐磨	用于压铸件及其他有色铸件、粉末冶金件和不锈钢铸件
雾化喷磨丸	类似 302	480	好	圆珠形	耐磨	

续表

弹丸名称	材料牌号	物理性能				用途
		硬度(HV)	韧性	形状	耐磨性	
铝、锌合金丸	AZ-15 ZA-15	120 50	良好 良好	使用前为圆柱形,用后成圆珠形	较耐磨	铝丸易引起爆炸,锌弹丸安全性好,去毛刺较好

表 4-25 压铸件推荐使用的部分弹丸

序号	弹丸组成(质量分数)/%	特点及应用
1	不锈钢丸 φ0.8mm φ0.6mm φ0.4mm 50 20 20左右	用于喷抛后需涂装处理的有色压铸件,如汽车、摩托车铝合金轮毂。抛后件看不出修磨痕迹、强化好、抗蚀能力佳、涂装附着力强
2	不锈钢丸 φ0.3mm φ0.14~0.29mm 60 40	铝合金压铸件用,抛后表面光洁、抗腐蚀能力强、不变色、涂装附着力强
3	混合丸 不锈钢丸 铝丸 30 70	抛后压铸件在湿度较高的环境下仍会变色
4	铝丸 100	抛后要立即进行涂装处理
5	锌丸 100	用于锌合金压铸件,安全可靠、经济合理。如抛后再进行钝化处理,其防锈能力极佳

4.6.7 压铸工艺安全操作规程(表4-26)

表 4-26 压铸工艺安全操作规程

序号	名称	要点
1	上岗前	操作工上岗前必须经过全面培训:压铸机、压铸模操作规定、压铸工安全操作规定等。初级培训合格后才能上岗
2	压铸前检查	①对压铸机的水、电、气进行全面检查,并用手动操作机器看是否正常 ②检查压铸模是否正常,要预热到规定温度待用 ③检查保温炉中合金液种类、量和温度是否正常 ④检查合金液浇勺、喷涂工具、取件工具等是否准备好 ⑤压铸机工艺参数设置是否正确 ⑥压铸机周围不得有非工作人员,走道必须通畅,决不允许放置杂物

续表

序号	名　称	要　点
3	压铸过程中	①操作工应按压铸机规定操作程序工作 ②生产中,严禁操作工身体置于压铸机曲肘、模具之间或顶部 ③遇有意外情况应立即停机,不得在未查明原因时继续开机生产 ④有金属液喷溅发生时,应立即停机检查,及时处理 ⑤多人操作同一台压铸机时,应有一人统一指挥操作
4	修理维护	①修理模具,人置于模具之间时,应先关闭压铸机总电源 ②停机修理压铸机或模具时,严禁乱拆部件 ③修好后的压铸机和模具上不允许放置杂物 ④定期检查水、电、油路安全状况 ⑤设备有漏油、漏水时,必须立即维修

4.7 压铸新工艺、新技术

4.7.1 真空压铸

在高压、高速下让金属液成型，使得压铸模型腔中的气体很难排出型外，往往被卷入铸件中形成气孔，或使得压铸件不能热处理。因为热处理后铸件中气体会膨胀，使铸件像发面馒头一样变形。为解决此问题，提高铸件质量，出现了真空压铸、加氧压铸等新工艺。

真空压铸是在压铸前先将型腔中的空气抽出，形成真空，然后再进行压铸。从而消除或减少压铸时金属液卷入气体，形成气孔的可能性，让铸件能进行热处理，以提高压铸件的力学性能和表面质量。另外，真空压铸极大地减小了金属液充型时受到的阻力，可以用较低的压力让金属液成型，也就是说可以用较小的压铸机来压较大的铸件。并可延长压铸机使用寿命，可压铸铸造性能较差的合金。

图 4-36 是由分型面抽真空的示意图。图中的行程开关 6 在压铸前打开真空阀，将型腔中空气通过真空阀 5 抽走，当压铸模被充

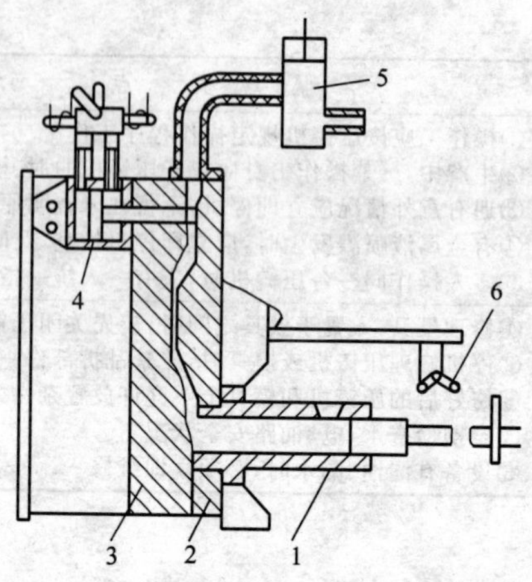

图 4-36 由分型面抽真空的示意图

1—压室；2—定模；3—动模；4—液压缸；5—真空阀；6—行程开关

满后，小液压缸 4 将总排气槽关闭，防止金属液进入真空系统。

真空压铸在工业生产中已应用较广泛。据资料介绍欧美 20% 的压铸件订单要求使用真空压铸，日本 52% 的压铸厂商均已在使用真空压铸。现很多国外真空压铸机可完成真空压铸工艺，也可在普通压铸机上加装真空压铸部件使用。

4.7.2 加氧压铸

加氧压铸也是解决铸件气孔的压铸新工艺之一。它是在压铸前将氧气充入压型模型腔和压室中，取代其中的空气，这样在压铸时金属液就不会卷入空气，产生铸件气孔。但铝合金液中的铝会与氧气发生化学反应：$4Al+3O_2 = 2Al_2O_3$，形成的 Al_2O_3 固体微粒在 1μm 以下，均匀而分散，仅占铸件质量分数 0.1%～0.2%，它不会影响压铸件的力学性能和机械加工性能。

图 4-37 是加氧压铸装置原理图。当合型时动模与定模间距还有 50～60mm 时，开始将 0.3～0.5MPa 的氧气充入压铸模型腔，并继续合型，合型完毕后再继续充氧 1.5～2s，关闭氧气阀。略等

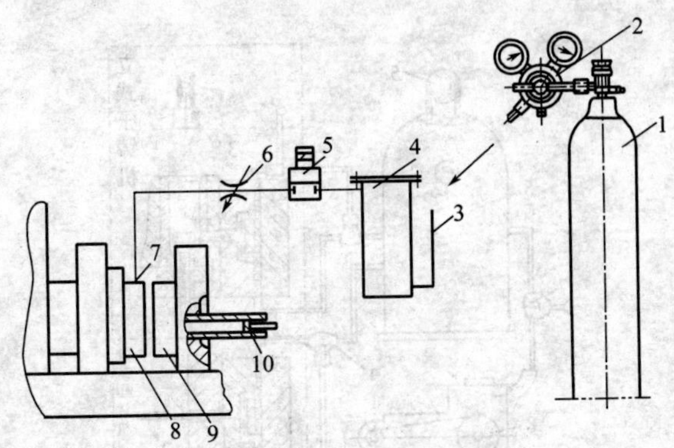

图 4-37 加氧压铸装置原理图

1—氧气瓶；2—氧气表；3—氧气软管；4—干燥器；5—电磁阀；6—节流阀；7—接嘴；8—动模；9—定模；10—压射冲头

片刻就浇入铝液进行压铸。

加氧压铸有其优点，但并不一定适合所有铸件，应根据铸件结构和要求而选用。

4.7.3 定向抽气加氧压铸

定向抽气加氧压铸实质上是真空压铸与加氧压铸相结合的工艺。所生产的铸件能消除或减少气孔，力学性能有提高，如伸长率可提高 1.5～2 倍。用该法生产的铸件能热处理，热处理后强度可进一步提高 30%左右，冲击值也显著提高。

图 4-38 为定向抽气加氧压铸装置图。在压铸模合型后，金属液充型前，先将型腔内气体以超过金属液充填速度的速度抽出，以使金属液顺利充型。对于有深凹或死角的形状复杂铸件，在抽气同时加氧，以达到更佳的效果。

4.7.4 精速密压铸

精速密压铸又称双冲头压铸，是一种精确、快速、致密的压铸方法。

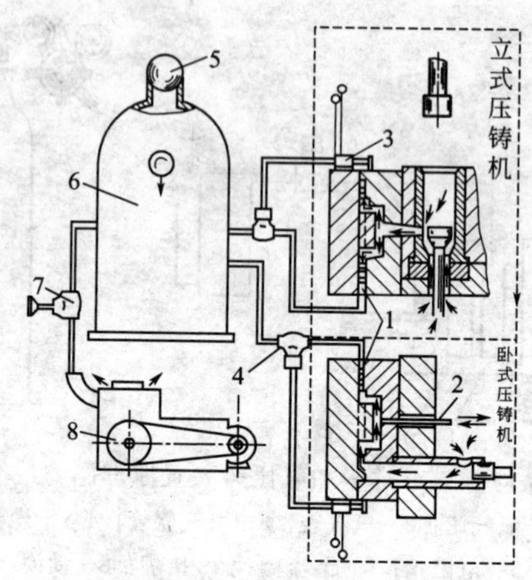

图 4-38 定向抽气加氧压铸装置

1—抽气机构；2—充氧管；3—行程开关；4—电磁阀；
5—安全装置；6—真空罐；7—总阀；8—真空泵

普通压铸件内浇道一般开得很薄，所以内浇道很快就凝固了。虽然压铸件凝固时机器仍给金属铸件高压，但高压实际上已不能到达铸件上，铸件壁厚处仍会存在缩松、气孔等缺陷。

精速密压铸原理示意图如图 4-39 所示。压铸件内浇道厚，压铸开始时两个冲头同时前进，将金属液充满型腔，完成充型任务，如图 4-39(a)、(b) 所示，随后大冲头不前进，小冲头继续前进，推动未凝固金属液补给铸件如图 4-39(c) 所示，直至压铸件完全凝固。

精速密压铸的特点可总结为：厚内浇道，低的压射速度、内外两个压射冲头，使得铸件为定向凝固，即金属液从离内浇道最远处先凝固，离内浇道最近处后凝固。正是由于铸件定向凝固，用小压射冲头可将浇道中金属液补给铸件，减少了铸件的缩孔、缩松。因为内浇道厚，压射速度低，金属液在压室中运动时卷气可能性小，减少铸件气孔。据报道，精速密压铸出的铸件密度比普通压铸件密度可提高 3%～5%。

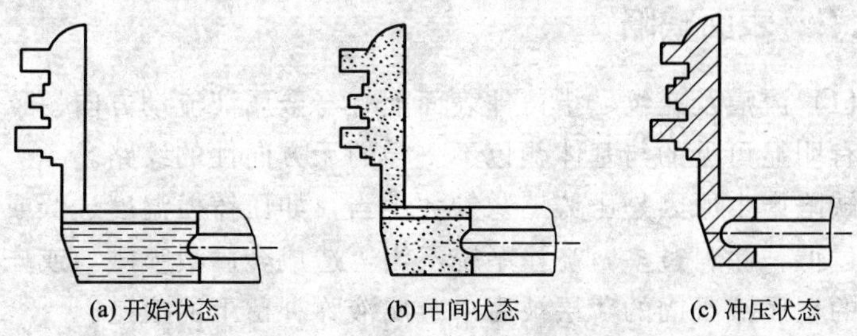

(a) 开始状态 (b) 中间状态 (c) 冲压状态

图 4-39 精速密压铸原理示意图

4.8 压铸件缺陷分析

4.8.1 缺陷种类

压铸件缺陷分：表面缺陷、表面损伤、内部缺陷、裂纹缺陷、几何形状与图样不符、材质性能与要求不符、杂质缺陷等，每类缺陷又有很多种，如表 4-27。下面选部分缺陷加以讲述。

表 4-27 压铸件缺陷

序号	缺陷种类	具体缺陷名称
1	表面缺陷	流痕及花纹、网状毛刺、冷隔、缩陷(凹陷)、印痕、铁豆、粘附物痕迹、分层(夹皮及剥落)、摩擦烧蚀、冲蚀
2	表面损伤	机械拉伤、粘模拉伤、碰伤
3	内部缺陷	气孔、气泡、缩孔、缩松
4	裂纹缺陷	裂纹
5	几何形状与图样不符	尺寸不合格、欠铸及轮廓不清晰、变形、飞翅、多肉或带肉、错型或错扣、型芯偏位
6	材料性能与要求不符	化学成分不符合要求、力学性能不符合要求
7	杂质缺陷	夹渣(渣孔)、金属硬点、非金属硬点
8	其他缺陷	脆性、渗漏

4.8.2 表面缺陷

(1) 流痕及花纹 指铸件表面上有与金属液流动方向一致的条纹，有明显可见的与基体颜色不一样的无方向性的纹路。

缺陷产生原因是压铸工艺参数不当，如压铸模温度过低或浇注温度过低；涂料过多，浇注系统不当等造成金属液喷溅，或先进入型腔的金属液凝固的薄层被后来金属液弥补留下的痕迹。

主要的防止措施是：

① 提高模温及浇注温度；

② 调整内浇道位置及大小；

③ 调整内浇道速度和压力；

④ 选用合适涂料及调整用量。

(2) 网状毛翅缺陷 特征为：铸件表面有网状发丝一样凸起或凹陷的痕迹。其产生原因是压铸模表面出现龟裂纹引起的。

防止压铸模表面龟裂的主要措施有：

① 正确选用模具材料及压铸模热处理工艺。

② 金属液浇注温度不宜过高。

③ 模具要充分预热。

④ 压铸模要定期或使用一定次数后进行退火，打磨成型部分的表面。

(3) 冷隔 指铸件表面有明显的、不规则的、穿透或不穿透的下陷纹路，形状细小而狭长，有时交接边缘光滑。它是因为金属液充型时，两股金属流相互对接，但结合力极弱，未能完全熔合造成的。

冷隔缺陷防止措施为：

① 适当提高金属液浇注温度和压铸模温度；

② 提高压射比压及速度，缩短金属液充填时间；

③ 改变内浇道位置，加大内浇道面积。并在适当位置开设溢流槽和排气道，改善金属液充型及排气条件；

④ 正确选用压铸合金，提高其流动性，并防止金属液氧化。

(4) 粘附物痕迹 是铸件表面上有小片状金属或非金属物，它与铸件主体部分熔接，在外力作用下片状物会剥落，剥落后铸件该部有发亮或暗灰色痕迹。该缺陷是因为压铸模型腔表面有金属和非金属残留物，或浇注时带进的杂质附在型腔表面上造成的。

防止粘附物痕迹缺陷的措施是：

① 浇注前应将压铸模型腔及压室清理干净，不得有粘附物；

② 浇注的金属液要清洁干净；

③ 选择合适的涂料，要喷涂均匀。

(5) 分层（夹皮或剥落） 特征是铸件局部有明显的金属分层。产生原因是压铸过程中模具发生抖动，或压射冲头前进不平稳，或浇注系统设计不当。

防止方法为：

① 加强模具刚度，要紧固压铸模各部件，使之稳定；

② 调整压射冲头与压室的配合；

③ 合理设计浇注系统。

4.8.3 表面损伤

(1) 机械拉伤缺陷 是指铸件表面顺出模方向有擦伤的痕迹。这是铸件出模受阻造成的擦伤。

防止措施有：

① 铸件拉伤部位固定时，应检查压铸模，对该对应模具部位斜度进行修正、打光压痕；

② 当铸件拉伤部位不固定时，可增加涂料量来防止；

③ 检查合金成分是否有问题，如铝合金中铁的质量分数不应小于0.6%；

④ 调整顶杆使顶出力平衡。

(2) 粘模拉伤是指 铸件表面有拉伤或被撕破的痕迹。产生原因为金属液与压铸模局部粘在一起，铸件出模时使粘连处出现拉伤和撕破。

防止措施：

① 将金属液浇注温度和压铸模温度控制在工艺规定范围内；

② 正确选用涂料的种类和用量；

③ 浇注系统开设不应让金属液正面冲击型芯和模具，同时应适当降低充填速度；

④ 正确选用压铸模材料并进行热处理，消除模具型腔粗糙表面。

(3) 碰伤 是指压铸件表面有碰伤。这是由于铸件搬运及装卸不当，造成其被碰伤。因此，压铸件在取件、搬运、装卸时均应注意防止碰伤。

4.8.4 内部缺陷

(1) 气孔 是铸件上存在着孔壁光滑的圆形或椭圆形孔洞，其表面多呈灰色。产生原因是型腔中气体、压室中气体、或金属液中气体、或涂料产生的气体被卷包在铸件中，未能排出铸件外造成的缺陷。

防止铸件产生气孔的主要措施有：

① 改进内浇道导入位置及面积，合理设置溢流槽、排气槽，加大排气量；

② 采用慢速压铸技术，防止卷入压室气体；

③ 降低产生气孔位置对应压铸模处的型温；

④ 使用干燥、干净的炉料、熔炼温度不可过高，除气要充分，尽量以减少金属液中的含气量；

⑤ 选用发气量小的涂料，用量不可过多。

(2) 缩孔、缩松 是压铸件内部存在形状不规则、不光滑的孔洞，大而集中的称缩孔，小而分散的称缩松。

产生原因是铸件冷凝过程中，金属液液态收缩和凝固期收缩得不到补偿，或得到的补偿不足，而造成铸件的缩孔、缩松的缺陷。一般缩孔、缩松产生在铸件最后凝固的、壁厚较厚处。

防止缩孔、缩松缺陷的主要措施为：

① 改变铸件结构，使铸件壁厚较均匀，消除热节；

② 在可能条件下，适当降低浇注温度；

③ 适当提高压射比压；

④ 改善浇注系统，使压力能更好地传递。

4.8.5 裂纹缺陷

裂纹缺陷是指铸件上有直线或波浪形、穿透或不穿透的狭小而长的裂纹。产生原因是铸件内应力或外力超过材质的强度极限造成铸件裂开。细分原因有：

① 铸件收缩应力超过材质的强度极限；

② 由于开型、推出铸件等机械操作造成铸件裂纹；

③ 金属液压入型腔时模具或型芯后退造成铸件裂纹。

防止的主要措施有：

① 合金成分要按规定、杂质含量不应超过规定，以防止合金由于成分问题有热脆性和冷脆性。如铝合金中铁含量不能过高、或硅含量过低，铝硅合金、铝硅铜合金含锌或含铜量过高等；

② 压铸件结构要合理，壁厚应均匀，不要有过薄的部位；壁厚不均匀时应逐步过渡；不应有尖凹角等；

③ 铸件从压铸模中取出时间要适当，不能留型时间过长；

④ 推出铸件时，要使铸件各处受力均匀；

⑤ 压铸机和压铸模处于正常状态。

4.8.6 几何形状与图样不符

(1) 压铸件尺寸不合格 可能是压铸模设计尺寸错误，或压铸模磨损、或模温波动造成的。也可能是压铸时合型力不足，动模后退，或活动型芯、镶嵌活块错位及偏移造成的，或压铸模定位用的导柱、衬套磨损造成压铸模错动造成的以及其他原因造成的。应找出造成压铸件形状、尺寸不符的具体原因，针对性的加以解决。

(2) 多肉 是铸件上存在形状不规则的凸出部分。产生原因是压铸模磨损或损坏，型芯拆断等。防止措施：

① 修理压铸模，更换型芯等；

② 正确进行压铸模热处理，严格操作规程，防止模具掉块；

③ 防止模具龟裂掉块等措施。

（3）欠铸（缺肉） 是铸件不完整，局部缺损。造成铸件欠铸原因有：

① 金属液流动性差，或模具排气不良，或压射比压和速度不足引起铸件没充满；

② 压铸模中夹有残留的飞翅等，使铸件形成欠铸；

③ 铸件顶出时尚未完全凝固，形成顶杆凹坑；

④ 铸件局部被粘留在压铸模上。要找出造成压铸件欠铸的具体原因，针对性的加以解决。

（4）飞翅缺陷 指铸件分型面处或压铸模的活动部分对应铸件处凸出过多的金属薄片。该种缺陷的产生是由于压铸机调整不当、或压铸模强度不够和磨损，或操作工人操作不当引起的。

防止措施有：

① 检查压铸机合型力及增压情况，调整增压机构使压射增压峰值降低；

② 检查压铸模强度和锁紧零件、修整模具；

③ 操作工人要清理压铸模分型面，防止有杂物存在，等。

（5）变形 是压铸件形状翘曲超过图样尺寸公差称铸件变形、它可能是压铸件结构不合理，或工艺操作不当引起的。防止铸件变形的主要措施为：

① 改进铸件结构，让铸件壁厚尽量均匀；

② 铸件不要堆叠存放，特别是大而薄的铸件不可堆叠存放；

③ 时效或退火处理不要堆叠入炉；

④ 必要时可对变形的压铸件进行校对、矫正。

4.8.7 材料性能与要求不符

（1）化学成分不符合要求 指铸件合金元素不符合要求或杂质过多。这是由于原材料及回炉料未准确分析就使用，或配料不准确，或熔炼不当造成的。防止措施主要有：

① 炉料要经化验后才能使用；

② 炉料要严格管理、经配料计算后准确配料使用，新旧料按一定比例使用；

③ 严格控制熔炼工艺和操作等措施。

(2) 力学性能不符合要求 指铸件合金力学性能低于标准要求。它是因化学成分有误，或铸件内部有缺陷，或试样处理方法有误造成的。

为此应严格控制合金的成分和杂质含量。严格熔化工艺，如控制好合金熔化温度，消除合金液中氧化物等，同时生产中要定期进行工艺性实验。

4.8.8 杂质缺陷

(1) 夹杂 是铸件上有不规则的或明或暗的孔，孔内常被熔渣充塞。它是金属液中熔渣、或石墨坩埚及涂料脱落物等被带入铸件中引起的。为防止夹渣缺陷的产生，应注意：

① 熔炼中、浇注前应仔细地去除金属液表面的熔渣，手工舀取金属液时要遵循舀取工艺，防止舀入熔渣；

② 使用石墨坩埚时，边缘要装上铁环；

③ 使用涂料用量要适当、均匀。

(2) 非金属硬点 是压铸件上有硬度高于金属基体的细小质点或块状物，加工后常常显示出不同亮度，经分析知这些质点和块状物为非金属，称非金属硬点。这是由于浇入铸型的金属液中混有金属液表面氧化物、金属液与炉衬等的反应产物、金属液与涂料反应产物等造成的。应从金属液熔炼、浇注、上涂料等各工序严格控制来加以防止。

(3) 金属硬点 是压铸件上有硬度高于金属基体的细小质点或块状物，经分析这些质点或块状物为合金元素或金属间化合物，加工后常显示出不同亮度。防止金属硬点应从严格熔炼着手。

第 5 章　离心铸造技术

5.1 概述

5.1.1 离心铸造工艺及特点

离心铸造是将金属液浇入旋转的铸型中，使之在离心力的作用下，完成铸件充填成型和凝固的一种铸造方法。

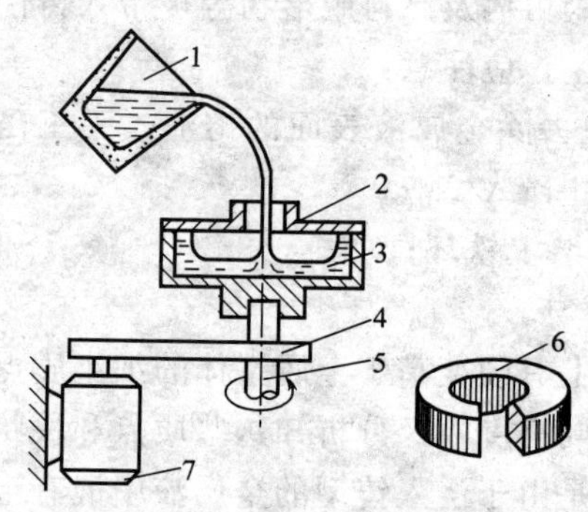

图 5-1　立式离心铸造示意图
1—浇包；2—铸型；3—液体金属；4—皮带轮和皮带；5—旋转轴；6—铸件；7—电动机

(1) 工艺过程　离心铸造的工艺过程较简单，由铸型准备，开机调速，将定量金属液浇入旋转铸型中，金属液冷却、铸件出型等步骤组成。

根据铸型旋转轴线位置可将离心铸造分为两类：立式离心铸造、卧式离心铸造。铸型的旋转轴线处于垂直状态的立式离心铸造如图 5-1、图 5-2 所示。图 5-1 是常用的金属型离心铸造，主要用于生产高度小于直径的圆环类铸件。图 5-2 是采用砂型、熔模铸造型壳等非金属铸型生产异形铸件。铸型的旋转轴线处于水平状态的卧式离心铸造如图 5-3 所示。主要用于生产长度大于直径的套筒类或管类铸件。

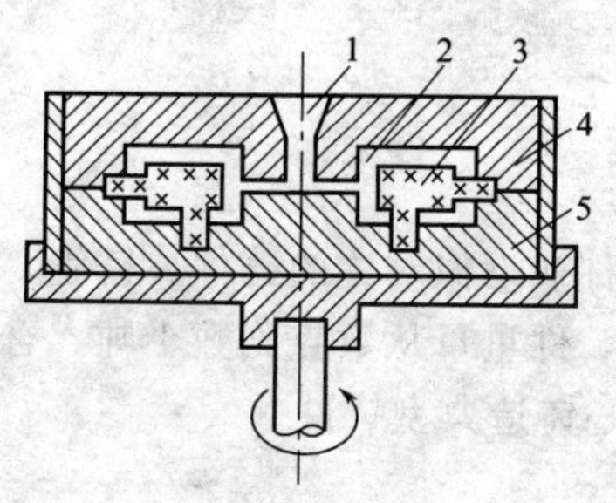

图 5-2 立式离心铸造浇异形铸件示意图

1—浇注系统；2—型腔；3—型芯；4—上型；5—下型

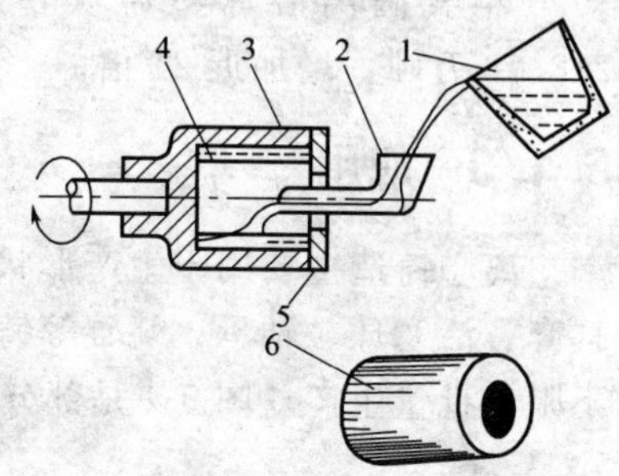

图 5-3 卧式离心铸造示意图

1—浇包；2—浇注槽；3—铸型；4—液体金属；5—端盖；6—铸件

(2) 工艺特点 与砂型铸造相比其优点为：

① 离心铸件的致密性较高，气孔、夹渣等缺陷少，力学性能好；

② 生产中空旋转铸件时型芯用量少，甚至可不用；

③ 几乎没有浇注系统和冒口，工艺出品率高；

④ 可借助离心力提高金属液的充型性，生产叶轮、金属假牙等薄壁铸件，或流动性不好的钛合金铸件；

⑤ 便于生产双金属铸件。

离心铸造也存在缺点：

① 对易产生偏析的合金，用离心铸造更容易出现偏析；

② 离心铸件内表面较粗糙，往往有聚渣，尺寸精度低。

5.1.2 离心铸造技术的发展

离心铸造有近 200 年历史，现在离心铸造已成为生产高质量铸管的首选工艺。从铸件产量上看每年世界铸铁管年产量约 800 万～900 万吨，占铸件总产量 12%～15%，它们大部分采用离心铸造。所以离心铸造已成为砂型铸造外的第二大铸造工艺。

从 20 世纪 90 年代随着中国经济发展，特别是对高质量铸管的需求增加，离心球墨铸铁管和离心灰铸铁排水管发展迅速。如

1990 年我国离心球墨铸铁管产量仅 10 万吨，2007 年已达到 218.78 万吨，增加近 21 倍。

5.1.3 应用

离心铸造主要用于生产形状对称或近似对称的铸件：铸管、汽缸套、活塞环、轴承、轧辊等铸件，件重量从数克到数十吨，合金不限、批量生产。图 5-4 是部分离心铸造典型铸件。

(a) 离心铸造球墨铸铁管

(b) 离心铸造的排水管

(c) 离心铸造汽车缸套

(d) 离心铸造的刮碳环

(e) 离心铸造的轴瓦

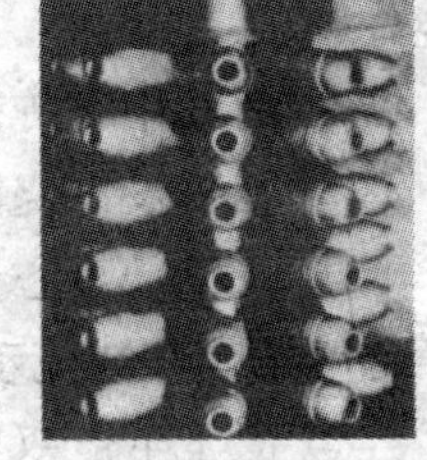

(f) 叠箱离心铸造炮弹壳

图 5-4 离心铸造部分典型铸件

5.2 离心铸造中铸件成型、凝固特点

5.2.1 离心铸造中铸件成型特点

(1) 离心力 金属液被浇到旋转铸型中就受到离心力的作用，如图 5-5 所示。单位体积金属质点 M，受到一个 F 离心力的作用，它使金属液离开中心紧靠铸型。离心力大小如下式所示：

$$F=\rho\omega^2 R=\frac{\gamma}{g}R\omega^2 \tag{5-1}$$

式中 F——单位体积金属所受离心力，N/cm³；

ρ——金属液密度，g/cm³；

ω——角速度，rad/s，$\omega=\frac{\pi n}{30}$；

R——金属质点的旋转半径，cm；

γ——金属的重度，N/cm³；

g——重力加速度，cm/s²。

将 $\omega=\frac{\pi n}{30}$、$g=9.81\text{cm/s}^2$ 代入式(5-1)，得到：

$$F=\frac{R\gamma(0.105n)^2}{9.81}=0.112R\gamma\left(\frac{n}{100}\right)^2 \tag{5-2}$$

式中 n——金属质点的旋转速度。

(2) 离心力场 将重力场与离心力场相比，可看到它们有很多相似性。

① 地心引力形成的重力场中，每一个质量为 m 的质点都受到重力 mg 的作用，方向指向地心（向下）；而在离心力场中，每个质量为 m 的质点都受到离心力 $m\omega^2R$ 的作用，方向远离旋转中心（向外）。

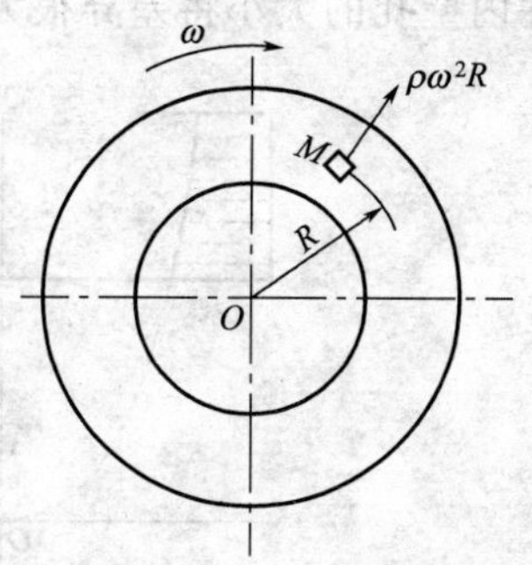

图 5-5 离心力示意图

② 重力 mg 中的 g 为重力加速度，而离心力 $m\omega^2R$ 中的 ω^2R 为离心加速度。

③ 在地心引力场中，单位体积金属所受的重力 ρg 称为重度 γ，离心力场中单位体积金属所受离心力 F，但 γ 与 F 相差很多，离心力 F 比重力 γ 大许多倍。可以将两者之比称为重力倍数或重力系数，以 G 表示：

$$G=\frac{F}{\gamma}=\frac{R\omega^2}{g}=0.112R\left(\frac{n}{100}\right)^2 \tag{5-3}$$

生产中使用的转速 n 为每分钟数百转，所以 G 通常为几十到一百多，因此，在离心力场中单位体积金属所受的离心力比重力要大几十到一百多倍。下面将讨论在离心力场作用下，金属液的成型和凝固，以及它与重力场铸件成型和凝固的差别。

(3) 离心力场中液体金属的自由表面形状 离心铸造被用来生产铸管、缸套等圆柱形铸件，不使用型芯，铸件的内表面是在离心力作用下建立起来的金属液自由表面。为得到正确的铸件形状，有必要对金属液自由表面形状进行研究。

实际上立式离心铸造时，金属液自由表面形状是一个绕垂直旋转轴 y 回转的抛物面，如图5-6所示。所以铸件凝固后沿高度方向存在着壁厚不均匀，有一个壁厚差的问题。从图5-6可看出，铸件上部孔的半径为 x_1、铸件下部孔的半径为 x_2，件上、下壁厚差 k 为 x_1-x_2。因此，立式离心铸造主要用于生产高度小于直径的圆环类铸件。而不宜于生产高度高的铸件，生产高度高的铸件时，铸件内壁孔的大小将差异很大，即铸件壁厚差会很大。

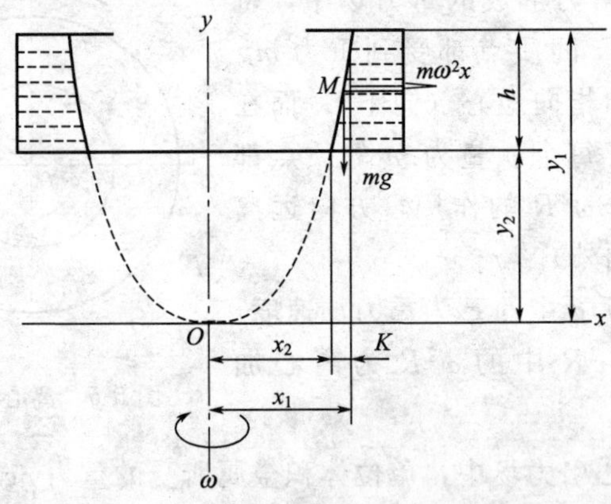

图5-6 立式离心铸造时液体金属自由表面形状

卧式离心铸造时，当铸型中金属液被带着旋转，并达到相对静止状态时，自由表面为一个圆，但圆的中心与铸型中心有一个偏心距 e，如图5-7所示，这是由于重力场影响所致。但铸件是自外向内一层层凝固的，每凝固一层，液体金属的量就减少一些，偏心距e也就减小一些。这样一层层凝固，最后铸件完全凝固时，偏心距也趋于零。因此，生产出来的铸件并没有壁厚差，生产中卧式离心铸造主要用于生产长度大于直径的套筒类铸件和管类铸件。

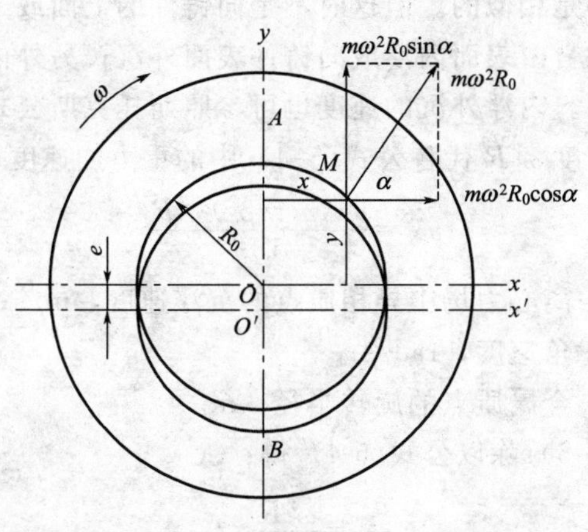

图 5-7　卧式离心铸造时液体金属自由表面的形状

(4) 液体金属中异相质点的径向运动　金属液中不可避免地会含有一些渣粒、气泡等异相质点，从铸件质量出发，希望这些异相质点能与金属液快速分开。在重力场中，渣、气和金属液因密度不同，会上浮或下沉，其速度$v_{重}$可根据斯托克斯公式计算：

$$v_{重}=\frac{d^2(\rho_1-\rho_2)g}{18\eta} \tag{5-4}$$

式中　$v_{重}$——重力场中异相质点的沉浮速度，m/s；

d——异相质点的直径，m；

ρ_1——金属液的密度，kg/m³；

ρ_2——异相质点的密度，kg/m³；

η——金属液的动力黏度，Pa·s；

g——重力加速度，m/s²。

当$\rho_1>\rho_2$时，$v_{重}$为正值，则异相质点上浮。金属液中的渣、气比金属液密度轻，所以它们会向铸件上表面浮。当$\rho_1<\rho_2$时，

$v_{重}$为负值，异相质点则下沉。如铜铅轴承合金中，铜基体密度为 8.96g/cm^3，而铅密度 11.35g/cm^3，铅则会下沉到铸件下部，造成铸件中成分偏析。

在离心铸造时，旋转的液体金属中异相质点的上浮或下沉规律和上述重力场是相似的。但这时不是向铸件的上面或下部，而是沿径向，向铸件自由表面内浮或向铸件表面外沉；另外内浮和外沉的速度要快得多。内浮外沉的速度也可参照斯托克斯公式来确定，只是用离心加速度 $\omega^2 R$ 代替公式(5-4) 中的重力加速度 g，得到：

$$v_{离}=\frac{d^2(\rho_1-\rho_2)\omega^2 R}{18\eta} \tag{5-5}$$

式中 $v_{离}$——离心力场中异相质点的沉浮速度，m/s；

ω——角速度，rad/s；

R——金属质点的旋转半径，m。

将公式(5-5) 除以公式(5-4) 得：

$$\frac{v_{离}}{v_{重}}=\frac{\omega^2 R}{g}=G \tag{5-6}$$

从公式(5-6) 可知，离心铸造时金属液中异相质点的浮沉速度比重力铸造时快 G 倍（几十到一百多倍）。因此，金属液中密度小的气体、渣就很容易浮到自由表面，所以说离心铸件内部气孔、夹渣缺陷明显地比其他铸造方法少，渣存在于铸件内表面上。但对于易发生成分与组织偏析的合金，使用离心铸造时，成分与组织偏析将会更严重。

5.2.2 离心铸造中铸件凝固特点

铸件在离心力场中凝固与在重力场中凝固的不同在于：加强顺序凝固和补缩，从而铸件中的缩孔和缩松明显减少和消除，从而提高了铸件内部致密度和质量。

(1) 加强顺序凝固 在合金凝固时，所析出的晶粒密度大多数大于合金液的密度。在离心力场中这些合金液析出的晶粒将以比重力场快得多的速度沉向铸型壁（外层铸件），而此时的散热主要通过铸型向外进行，所以铸件的凝固过程是由外向内一层层进行，是由外向内的顺序凝固，内层金属液补缩外层凝固层，从而不易产生缩孔、缩松等缺陷，铸件组织致密。金属液的收缩最终表现为铸件内孔均匀地扩大。

个别合金液析出晶粒的密度小于合金液密度时，如过共晶铅硅合金，晶粒会浮向铸件内表面，造成内、外层凝固，中间层还会出现缩松。或采用衬砂热模法浇注大口径铸管时，由于铸型冷却速度大为降低，也可能造成内、外层凝固，中间层出现缩松的现象。

(2) 加强补缩 一般来说，铸件中的缩松主要是由于凝固时金属枝晶间形成的孔穴不能得到补缩而造成的，如图 5-8 所示。孔穴能否及时得到补缩，与金属液有无能力克服补缩通道阻力有关。在重力场中，金属液靠本身重力来克服补缩通道阻力是困难的，因此，一旦金属枝晶间形成孔穴，未凝的金属液就难于通过补缩缝隙对空穴进行补缩，从而在该处形成缩松缺陷。在离心铸造中，金属液的每一个质点受离心力作用，其大小为重力 G 倍，就有可能克服补缩缝隙 7 的阻力，对晶粒间的孔穴 8 进行补缩，以防止孔穴处生成缩松。

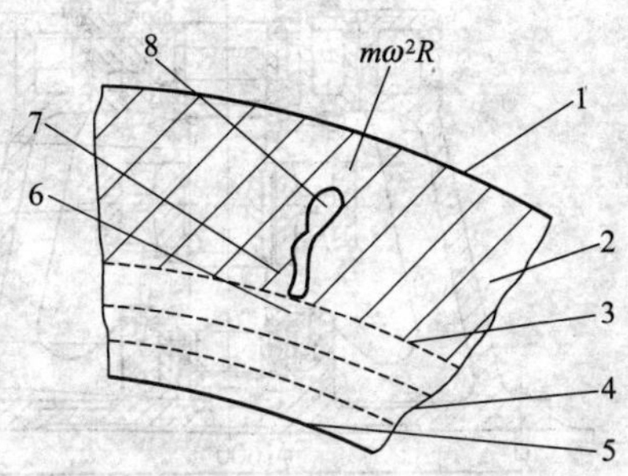

图 5-8 离心铸件枝晶间补缩过程示意图

1—铸件外表面；2—凝固层；3—结晶前沿；4—液体金属；5—自由表面；6—补缩金属液；7—补缩缝隙；8—孔穴

总之，从以上讨论可以明确：铸件在离心力场中凝固时由于加强了顺序凝固和补缩，铸件缩孔、缩松少，铸件内部质量好。

5.3 离心铸造机

为适应不同铸件的生产，有各种型式的离心铸造机。这里只介绍常见的几种离心铸造机。

5.3.1 立式离心铸造机

立式离心铸造机仅用于有限领域。图 5-9 是一台中型立式离心铸造机。电动机通过带轮 4 驱动主轴 3，使工作台（铸型套）1 带着铸型绕垂直轴转动。主轴上轴承 2 设有冷却措施，防止铸件散出的热量使轴承过热。这台中型立式离心铸造机所铸最大铸型外径为 ϕ1700mm，主轴最大载重 25000N，主轴最高转速为 500r/min。

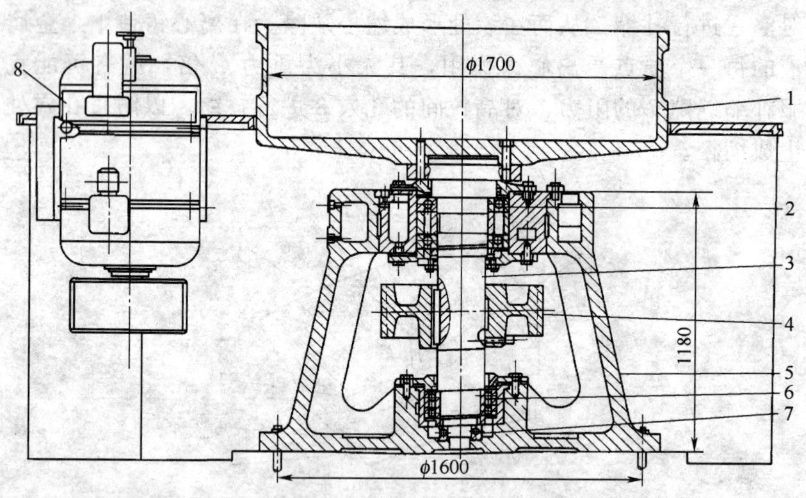

图 5-9 中型立式离心铸造机

1—铸型套；2—轴承；3—主轴；4—带轮；5—机座；6,7—轴承；8—电动机

图 5-10 是生产轧辊用的大型立式离心铸造机。装配好的铸型固定在地坑中，在铸型上部有三个均匀分布的支点，设置有三个减

震器，使铸型能绕转轴平稳旋转。该机器可生产直径 550～1450mm，长 1400～4600mm 的铸件，机器转速从 0～700r/min 无级调速。在生产冷硬轧辊外层时，铸型高速旋转，使金属液在离心力作用下形成外环。在浇注中心层时，铸型可慢转或不转。

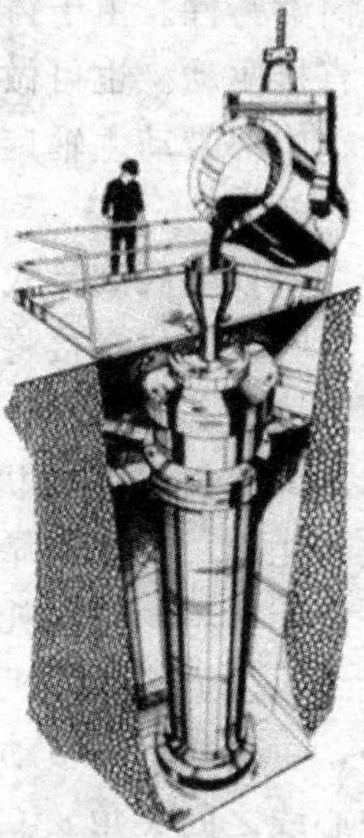

生产首饰、假牙等精密件也常用小型立式离心机。

图 5-10 轧辊用大型立式离心铸造机

5.3.2 卧式离心铸造机

卧式离心铸造机使用最广，下面介绍几种典型卧式离心铸造机。

(1) 卧式悬臂离心铸造机 图 5-11 是半自动卧式悬臂离心铸造机的基本结构。铸型 15 用螺栓固定在主轴 11 上，主轴 11 在前、后轴承架 12、8 中固定和旋转，电动机 9 通过皮带来带动主轴 11 旋转。在铸件冷却后主轴制动器 10 使主轴快速制动，以节省时间。在电动机 9、齿条 4 传动下，变速箱通过主轴 10 中孔实现铸件推出与复位。

这类悬臂离心铸造机生产以中、小功率内燃机气缸套为代表的

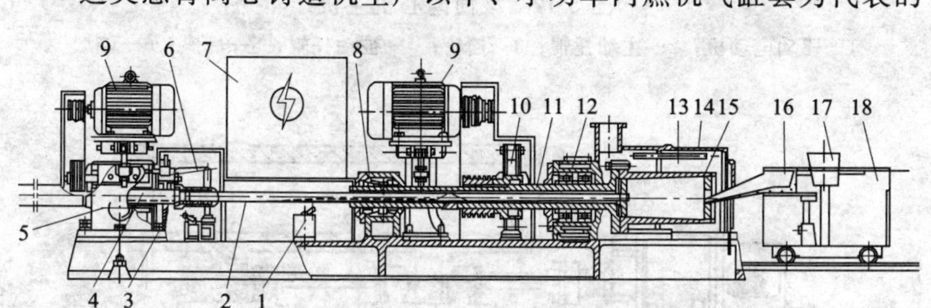

图 5-11 半自动卧式悬臂离心铸造机

1—限位开关；2—顶杆；3—机座；4—齿条；5—变速箱；6—顶杆制动器；7—电器箱；8—后轴承架；9—电动机；10—主轴制动器；11—主轴；12—前轴承架；13—喷水管；14—防护罩；15—铸型；16—浇注流槽；17—定容浇包；18—浇注车

套筒类铸件。由于铸件小，铸型是直接连接在离心机主轴上转动，即直接驱动。也可做成双头卧式悬臂离心机，两端为悬臂铸型，电机在中部带动主轴旋转。大批量生产时，可采用多工位离心机提高生产效率。

(2) 卧式滚筒式离心机 在生产大中型缸套或铸管时，因铸型重量大，不能直接将铸型和驱动主轴相连，而采用间接驱动的卧式滚筒式离心铸造机。图 5-12 为其主机示意图，铸型用两组托辊支撑，一组托辊由电机直接驱动（图 5-13）称主动托辊，另一组为被动托辊，铸型则靠托辊与铸型间的摩擦力被带着转动。为使铸型平稳旋转，两主动托辊应转速一致，故采用图 5-13 的通轴同步托辊结构。但对大型机，仍应采用每个托辊单独使用一个电动机。另外，主动托辊与被动托辊间距离取决于铸型直径，最终铸型与托辊中心线之间夹角 α（支撑角）应 95°～120°为佳。

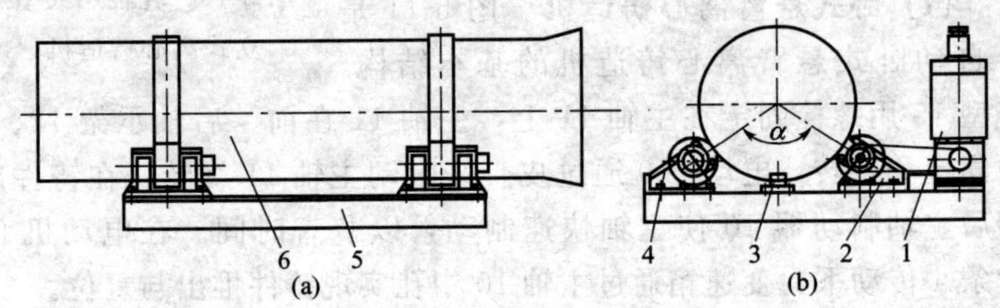

图 5-12 滚筒离心机主机

1—驱动电动机；2—主动托辊；3—挡轮；4—被动托辊；5—底座；6—铸型

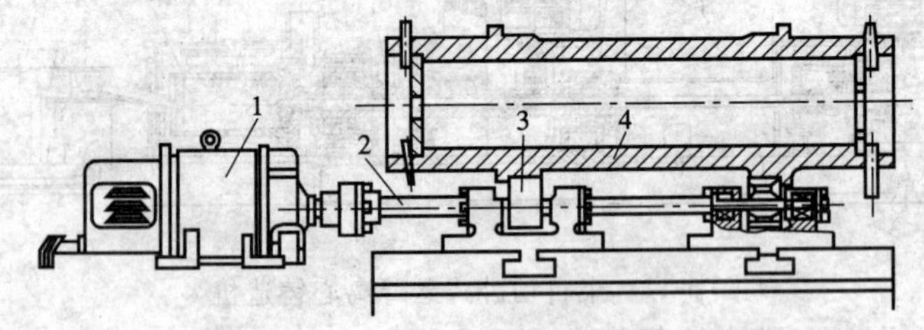

图 5-13 通轴同步托辊结构

1—电动机；2—轴；3—托辊；4—铸型

这类离心机可分为：

① 生产套筒类件的滚筒离心铸造；

② 用热模法生产铸管的滚筒离心铸造机，又称卧式热模法离心铸造机；

③ 多工位滚筒离心铸造机。

(3) 卧式水冷金属型离心铸造机 水冷金属型离心铸造机是国内外生产 ϕ1000mm 以下管径铸管最常用机型，其主要特点为：金属铸型完全浸泡在一定温度的封闭冷却水中。

水冷金属型离心铸造机分三工位和二工位两种，后者使用广泛。图 5-14 是这类二工位水冷金属型离心铸造机结构图。它是由机座 2、浇注系统 1、离心主机 3、拔管机 4、运管小车 6、桥架 7、液压站 8、控制系统 5 等部分组成。主机沿轨道前后运动，浇铸装置和拔管机固定不动。浇铸时，主机向浇注装置方向运动，流槽深入承口端开始浇注，主机退至初始位置时，浇注结束。铸管冷却后，拔管机伸入承口端将铸管拔出。水冷金属型离心铸管机结构复杂。

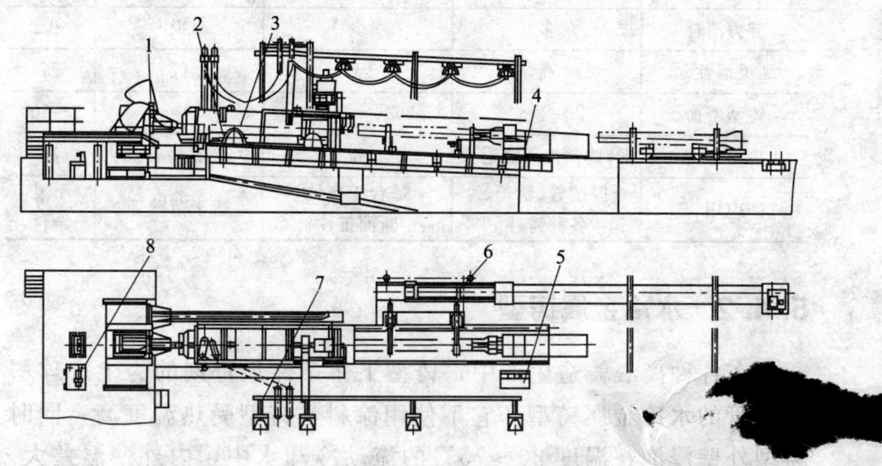

图 5-14 二工位水冷金属型离心铸造铸管机结构

1—浇铸系统；2—机座；3—离心主机；4—拔管机；5—控制系统；6—运管小车；7—桥架；8—液压站

5.4 离心铸造用铸型

5.4.1 概况

离心铸造用铸型在浇注时要高速转动，同时要承受金属液产生的离心力和热冲击，所以对铸型有严格要求。生产铸管和缸套的铸型均为金属型或带耐火层（如衬砂或喷涂料）的金属型。在生产有承口的铸管时，承口端可采用树脂砂承口芯。在生产一些小尺寸的铸件时也可采用石膏型、熔模铸造型壳、石墨型、树脂型等铸型。主要几种铸型比较见表 5-1。

表 5-1 几种铸型的比较

铸型类别 比较项目	砂型	金属型	树脂型	石墨型
初始成本	低	高	低	中
工作效率	允许使用各种砂箱	高的重复性， 每小时可至 60 件	10 次以上	好
劳力消耗	多	少	少	少
灵活性	高	无	低	高
铸型寿命	一次	2000～30000	中	5～100
冷却速度	低，铸铁件无需退火	高	中，铸铁件需退火	高
应用	厚壁管、辊子、 各种铸件	适合于各种 断面工件	适于薄壁管	不复 杂件

5.4.2 水冷金属铸型

在各种离心铸造生产中，铸型工作条件最苛刻的为生产球墨[illegible]管的水冷金属铸型。它不使用涂料，铸型受热温度高，同时铸型外壁浸泡在温度 20～75℃的流动冷却水中，内外壁温差大。另外，水冷金属型生产效率非常高，如对于直径为 80～100mm 的管、生产率 50～60 支/小时，所以铸型处于快速温度交变的热冲击下。

为提高水冷金属铸型寿命，国内采用 20CrMo、30CrMo 和 21CrMo10，国外采用 34CrMo 和 21CrMo10 较高合金含量钢生产铸型。并采用整体锻造金属铸型，800nm 直径以上的金属铸型也可用厚钢板卷焊成型。

用优质材料和锻造法生产的水冷金属铸型成本高。为确保其寿命还要注意：

① 浇注温度应尽量低些。

② 过高、过低的生产率都会损害金属铸型的寿命，要有合适的生产率以使金属铸型温度变化控制在相对窄小的范围内。

③ 在金属型内撒管模粉，保护铸型。

④ 用喷丸、锤击法使金属型表面强化。

⑤ 正确进行铸型（又称管模）的维护。

5.4.3 其他离心铸造用铸型

一般离心铸管金属型由低合金钢制作，大批量生产的离心套筒类铸件的金属型可用铸铁和钢来制造。铸铁金属型使用寿命一般在 500～1000 次，生产汽车用气缸套时由于件小又使用涂料金属型寿命可达到 1000～3000 次。钢制金属型使用寿命在 2000～30000 次。铸钢金属型的材料一般推荐使用低碳 ML20 钢，在粗加工后进行正火和高温回火，消除内应力处理。在浇注低熔点的轻合金时，也常用铜合金来制造金属型。

推荐用离心铸造方法来制造金属型。新的金属型制好后，应进行一次预备处理：把金属型加热到 95～150℃，喷一层饱和过硫酸铵，过一定时间后再用清水冲洗干净。目的是去掉金属型表面的油污，使金属型内表面受轻微腐蚀变粗糙，从而让涂料能更好地附着。

5.4.4 铸型结构

离心铸造的铸型必须和离心机稳固的固定，但要简单可靠，拆卸方便。为确保铸件成型，防止金属液溢出，铸型的一端要有端板（盖）挡住。表5-2是不同类型离心机上的金属型结构，表5-3为滚筒式离心铸型防止轴向移动的结构。

表5-2 不同类型离心机上的金属型结构及其应用示例

类型		结构图	结构特点	应用
立式离心金属型	整体立式	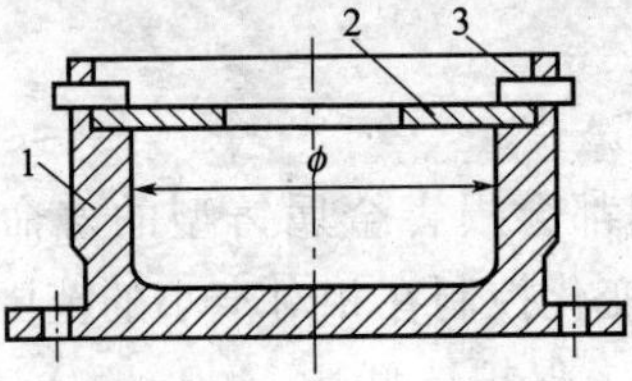 1—金属型；2—端盖；3—销子	底部和圆筒部分连成一个整体	主要用于小型铸件的立式离心铸造
		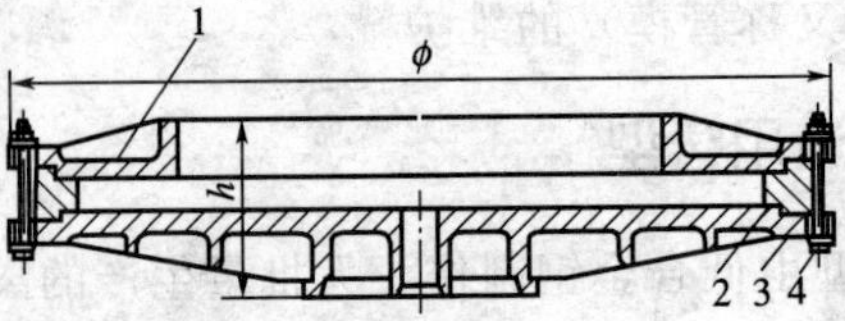 1—盖板；2—金属型的环状型套；3—底板；4—紧固螺钉	底部与圆筒部分分开制造	主要用于大直径铸件的立式离心铸造
	组装立式	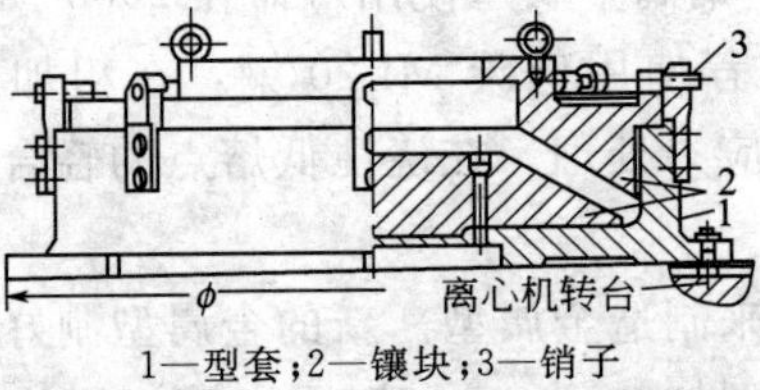 离心机转台 1—型套；2—镶块；3—销子	带有镶块	主要用于成型铸件（如碗形轴瓦）的立式离心铸造
	整体立式	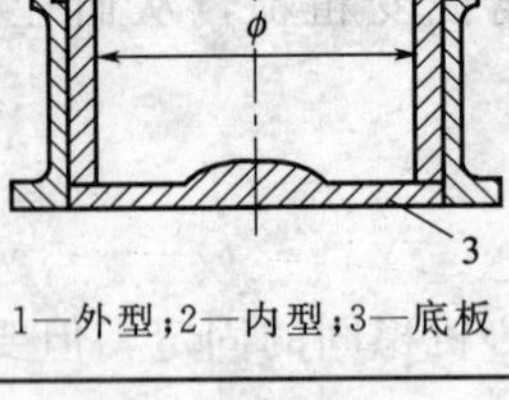 1—外型；2—内型；3—底板	为双层，由外型和内型组成，外型起支承内型的作用，内型直接与铸件接触	可通过更换内型的方法浇注不同直径和高度的铸件

续表

类型		结构图	结构特点	应用
卧式悬臂离心金属型	开放式	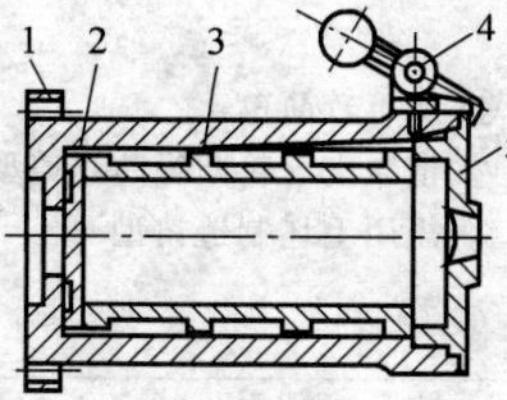 (a) 单层金属型 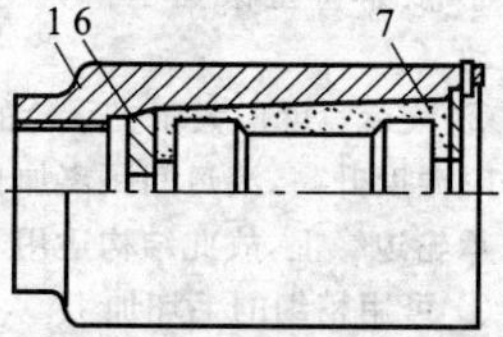 (b) 双层金属型(内层为砂型) 1—外型;2—底盖;3—内型;4—离心锤;5—端盖;6—推板;7—砂芯	底部开孔	主要用于大量生产时需在型内装置顶出铸件机构的场合
	封闭式	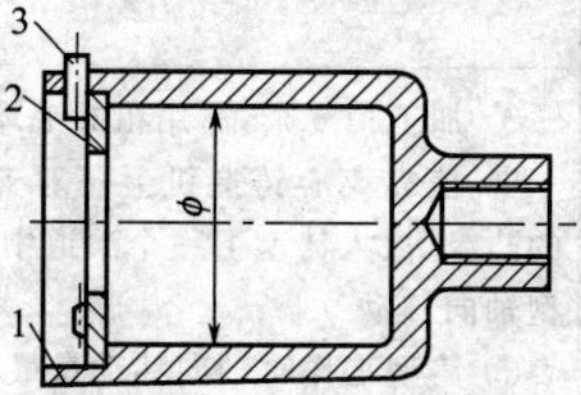 1—金属型;2—端盖;3—销子	底部不开孔	主要用于要求生产率不高,铸型底部不需装置顶出铸件机构的场合
卧式滚筒式离心铸型		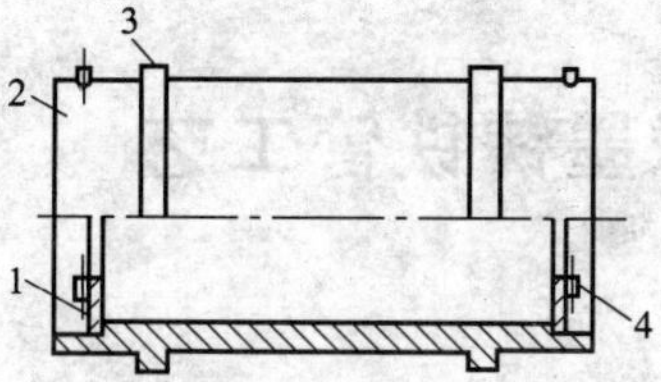 1—端盖;2—型体;3—滚道;4—销子	主要采用单层结构,端盖的固定主要采用销子紧固,加工金属型时要特别注意动平衡,否则离心铸造机工作时会产生剧烈的振动	主要用于生产长管形铸件

表 5-3 滚筒式离心铸型防止轴向移动的结构

序号	结构图	结构特点
1	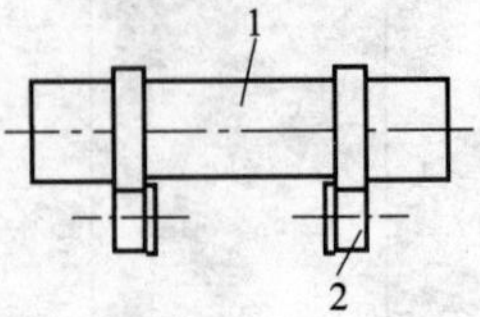 1—铸型;2—支承轮	① 加工较简单 ② 依靠支承轮凸缘防止铸型轴向移动 ③ 需用毛坯制造铸型
2	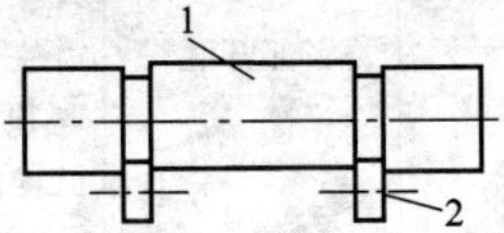 1—铸型;2—支承轮	① 加工较简单 ② 依靠铸型滚道下凹的边缘防止铸型轴向移动 ③ 滚道宽度应大于支承轮的宽度,防止铸型工作时温度升高,滚道间距离加长,使滚道边缘卡在支承轮边缘上,故此结构适用于不太长的铸型 ④ 可用稍细的毛坯加工
3	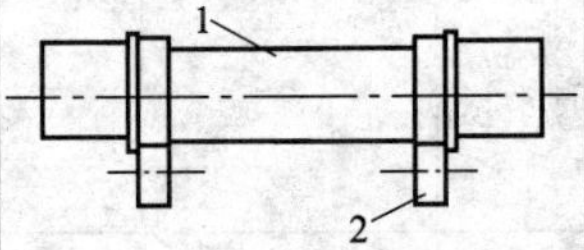 1—铸型;2—支承轮	① 加工较复杂,需用粗的毛坯制造 ② 依靠滚道凸缘防止铸型轴向移动
4	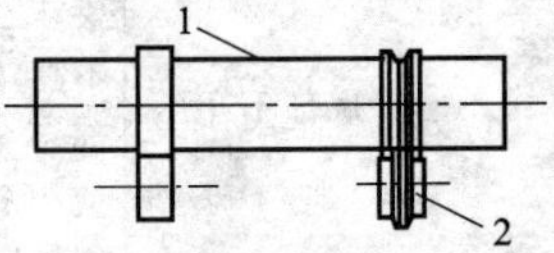 1—铸型;2—支承轮	① 加工稍复杂,需用粗的毛坯制造 ② 依靠离心铸造机上一对支承轮面中间部位的凸缘,嵌入铸型上一个滚道中部的凹槽,防止铸型轴向移动 ③ 铸型工作时轴向移动量最小 ④ 铸型上凹槽底部转角处易产生裂纹

5.5 离心铸造球墨铸铁管工艺

5.5.1 概述

在城市和其他工程建设中，需要大量的输水、气和泥浆的铸铁管道。作为输水和煤气的管道需经受1.8～5MPa的水压试验，并具有较好的耐蚀性。从耐蚀性上看，钢管不如灰铸铁管，而灰铸铁管又不如球墨铸铁管。同时球墨铸铁管比灰铸铁管强度高，铸管壁厚可降低32%～34%。表5-4是球墨铸铁管与钢管的综合经济比较，现离心球墨铸铁管已成为上水管的首选产品，并正在逐步推广到燃气管道中。

表 5-4 球墨铸铁管与钢管综合经济比较

项目 管名	材料费/%	施工费/%	维护费/%	使用年限/a	漏水率/%
球墨铸铁管	100	50～60	0～10	40	0.01
钢管	90	100	100	20	0.3

离心球墨铸铁管生产中有以下两种工艺。

① 水冷金属型离心铸管工艺，直径ϕ1000mm以下的球墨铸铁管主要用此法生产。它也是生产离心球墨铸铁管最主要的生产工艺。

② 热模法离心铸管工艺，主要用于生产ϕ1000mm以上的球墨铸铁管。

5.5.2 水冷金属型球墨铸铁管工艺

(1) 工艺流程 见图5-15。

(2) 铸管化学成分选择 水冷金属型由于铸型的冷却速度快，应选择流动性较好、碳当量较高的铁液。对铁液中碳、硅、锰、磷和硫含量要求见表5-5。并要求$w_{Cu}<0.07\%$、$w_{Cr}<0.05\%$、$w_V<0.03\%$、$w_{Sn}<0.02\%$、$w_{Sb}<0.01\%$以稳定珠光体，防止碳化物生成。为确保球化，干扰球化的干扰元素总含量$w_{Ti}+w_{Cr}+w_{Sn}+w_V+w_{Sb}+w_{Zn}<0.1$，特别是$w_{Ti}\leqslant 0.04\%$。

(3) 浇注温度选择 离心球墨铸管生产中，从铁液出炉到浇注成型要经过脱硫、球化、孕育处理等多道工序，浇注流槽又很长，所以铁水应有较高的出炉温度1460～1520℃。表5-6为某厂的生产经验数据，供参考。

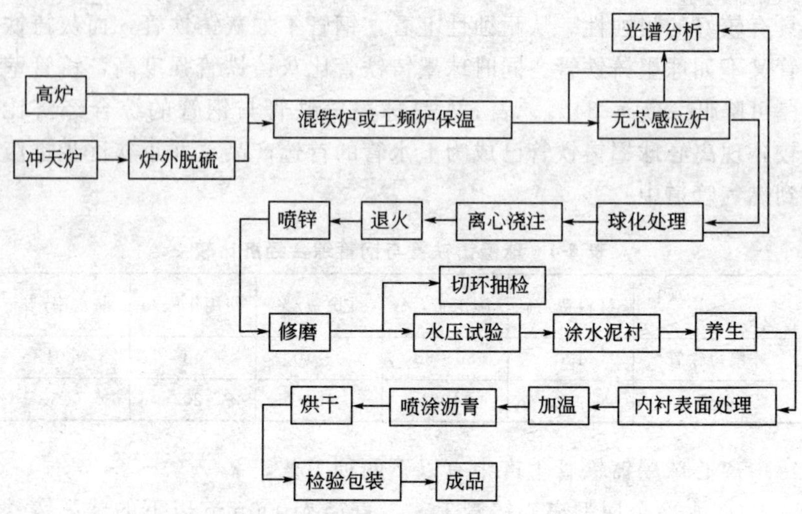

图 5-15 水冷金属型离心球墨铸铁管的工艺流程

表 5-5 对原铁水和铸管的化学成分要求（质量分数） 单位：%

铁水成分	C	Si	Mn	P	S	$Mg_{残}$	CE
高炉铁水	4.0～4.3	0.8～1.4	≤0.4	≤0.07	≤0.025		
中频炉铁水	3.6～3.9	0.8～1.4	≤0.4	≤0.07	≤0.025		
冷模法(小管)	3.5～3.8	2.0～2.3	≤0.4	≤0.07	≤0.015	0.035～0.060	4.3～4.6
冷模法(大管)	3.3～3.6	2.1～2.4	≤0.4	≤0.07	≤0.015	0.040～0.065	4.2～4.5

注：对 C、Si 和 CE 值，小管径铸管取上限，大管径铸管取下限。

表 5-6 水冷金属型球墨铸铁管的铁水温度要求

DN/mm	100	200	300	400	500
铁液碳当量 *CE*/%	4.40～4.55	4.35～4.50	4.35～4.50	4.30～4.45	4.30～4.45
出铁球化温度/℃	1520～1500	1510～1490	1510～1490	1490～1470	1490～1470
浇注铁水温度/℃	1440～1390	1420～1370	1400～1350	1380～1330	1350～1320
DN/mm	600	700	800	900	1000
铁液碳当量 *CE*/%	4.25～4.40	4.25～4.40	4.20～4.35	4.20～4.35	4.15～4.30
出铁球化温度/℃	1480～1460	1480～1460	1470～1450	1470～1450	1470～1450
浇注铁水温度/℃	1340～1310	1340～1310	1340～1310	1330～1300	1330～1300

(4) 球化、孕育处理　硫是反球化元素，铁液中的硫会首先消耗掉球化剂。对于使用高炉铁液→混铁液→无芯感应电炉三联熔炼工艺的，铁液含硫量低，不需脱硫处理。对使用冲天炉→感应电炉双联熔炼的铁液因冲天炉存在着焦炭增硫，需进行脱硫处理，可采用透气塞气体扰动法炉外脱硫工艺，脱硫率达 90%，但温度会降低 55～75℃。

球化处理：

① 国内企业使用较多的是冲入法，采用堤坝式球化包，包高 H/包直径 D=1.5，球化剂成分 w_{Mg}7%～9%、w_{Re}1%～3%、w_{Si} 40%～44%、w_{Ca} 2%～3.5%、w_{Al}≤0.5%，加入量 $w_{球化剂}$ 1.4%～1.7%。

② 有的厂使用喂丝法球化处理，喂镁合金（w_{Mg}20%～35%）和纯镁两种芯线，加入量 22～35m/t（取决于原 ω_S 的含量），处理温度 1450～1500℃。图 5-16 为喂丝球化原理示意图。该法优点是芯线不含或含少量稀土，大量减少铁液中不易去除的稀土硫化物夹杂，球化率高、石墨球小、处理降温小。使铸管成品率提高 1%，经济效果明显，同时改善处理环境。

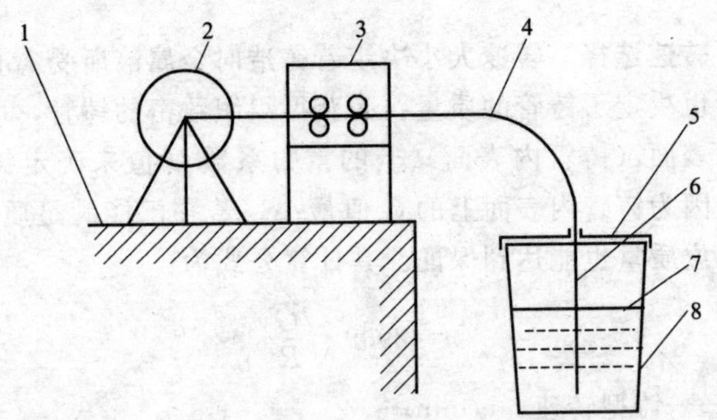

图 5-16　喂丝球化原理示意图

1—平台；2—芯线卷；3—喂线机；4—导管；5—包盖；6—芯线；7—铁液；8—球化包

孕育处理采用：75Si-Fe 在球化包内加 0.4%～0.6%进行一次

孕育，随后进行随流孕育 75Si-Fe 0.2%～0.25%（二次孕育），同时在金属铸型（管模）中加管模粉（20～30g/m^2）。

(5) 金属液的定量与浇注 离心铸管时，液体金属的浇注量决定着管的壁厚，决定了整根管子的重量精确度。

水冷金属型球墨铸铁管用设备见图 5-14，浇注时采用长流槽和扇形包（图 5-17）。扇形包匀速的绕轴旋转浇注，可以保证在铸管整个长度上（如 6m）各段浇入的铁液量相等，保证各处管壁厚度均匀。

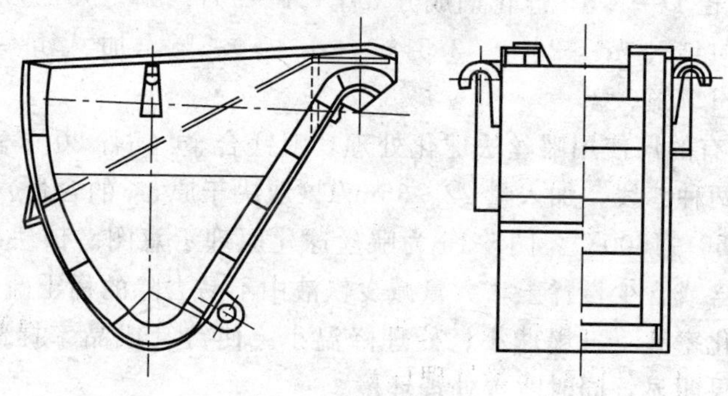

图 5-17 扇形定量包

(6) 转速选择 转速大小决定着铸造时金属液所受离心力的大小，从而也决定了铸管的质量。为获得组织致密的铸管，可根据金属液自由表面（铸管内表面）上的重力系数 G 值来确定铸型合适的转速。因为铸管内表面上的 G 值最小，若它已能满足质量要求，则其他部位质量也能达到保证。其计算公式为：

$$n=29.9\sqrt{\frac{G}{R}} \tag{5-7}$$

式中 n——铸型转速，r/min；

R——铸件内半径，m；

G——重力系数，可按表 5-7 选取。

从表 5-7 中可知，使用金属型生产铸铁管，重力系数要在 30～60 之间才能保证铸件质量。图 5-18 是工厂经验积累的数据，可确定水冷金属型生产球墨铸铁管时需要的转速。如生产管径 600mm 的球墨铸铁管转速约需 350r/min。

表 5-7 重力系数 G 的选用

铸件名称	G	铸件名称		G
中空冷硬轧辊	75～150	轴承钢圈		50～65
内燃机汽缸套	80～110	铸铁管	砂型	65～75
大型缸套	50～80		金属型	30～60
钢背铜套	50～60	双层离心铸管		10～80
钢管	50～65	铝硅合金套		80～120

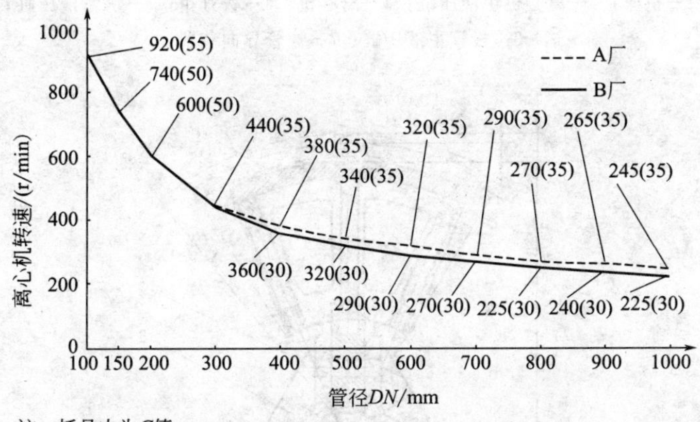

图 5-18 卧式离心铸管时铸型的转速

(7) 铸管脱型 是靠拔管装置，将它进入管子中一段距离后，涨开钳头，撑住管子内壁。然后拔管装置后退，此时靠钳头与管子之间的摩擦力把管子取出。图 5-19 是水冷离心铸管机上拔管装置的典型布置。离心机浇铸完成后，停在拔管装置前，拔管装置的拔管主液压缸 6 开始工作，拔管钳 4 及涨紧液压缸 5 沿铸管中心线向前移动，将拔管钳 4 伸入到铸管承口端直管部位。然后涨紧液压缸 5 开始工作，使三个钳块同时径向涨开如图 5-20 所示，涨紧铸管内壁，这时拔管装置后退，将铸管从水冷金属型（管模）中拔出。

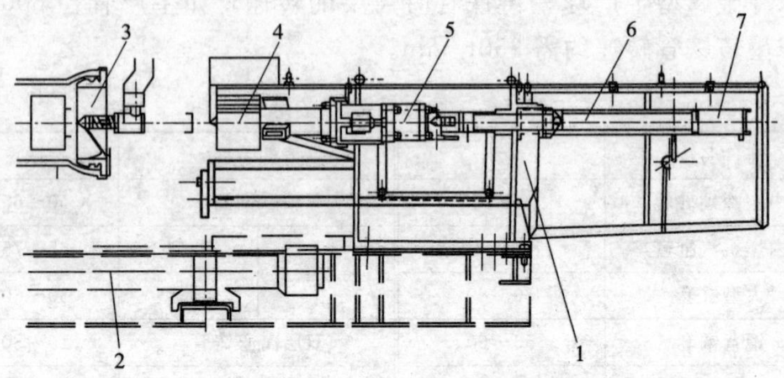

图 5-19 拔管装置结构图

1—机座；2—离心机主液压缸；3—离心机；4—拔管钳；5—涨紧液压缸；6—拔管主液压缸；7—拔管导向装置

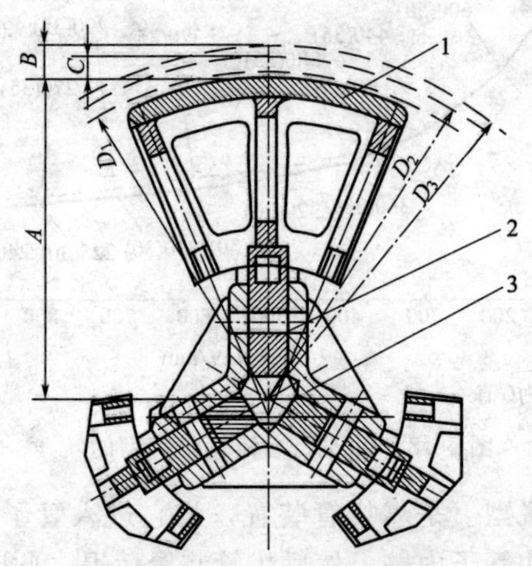

图 5-20 拔管钳的径向移动

1—钳块；2—钳芯；3—导向块

(8) 退火 水冷离心球墨铸铁管由于具有较高的冷却速度，铁液在快速凝固过程中出现部分共晶渗碳体，管体断面呈“白口化”状态，伸长率很低。因此，水冷离心铸管需进行高温（>920℃）退火处理，使共晶渗碳体全部分解，再经低温（720～760℃）共析退火，最终得到组织和力学性能合格的球墨铸铁管。金相组织应为：体积分数为 90%～95%的铁素体和体积分数为 5%～10%的珠光体。

图 5-21 是水冷离心球墨铸铁管典型的退火曲线，分四区：加热段、保温段、缓冷段和冷却段。一般水冷离心球墨铸铁管的退火都使用连续式退火炉。图 5-22 是一台 20 万吨管、长 46m 高温退火炉的断面图，管子 12 通过入炉过道进到传动链，沿炉底轨道滚动前进，通过加热、保温、缓冷、冷却段。

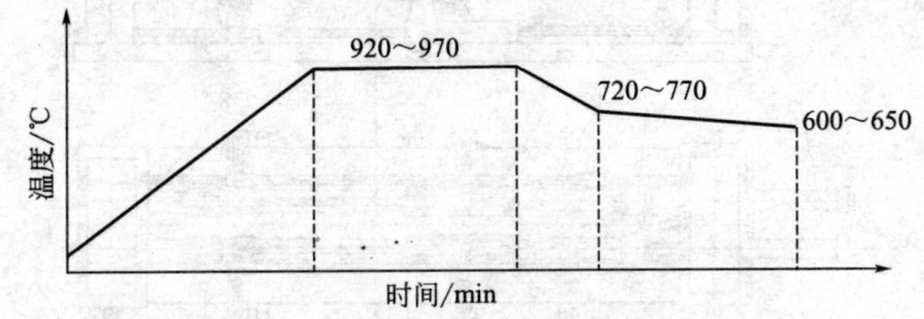

图 5-21 水冷离心球墨铸铁管退火曲线

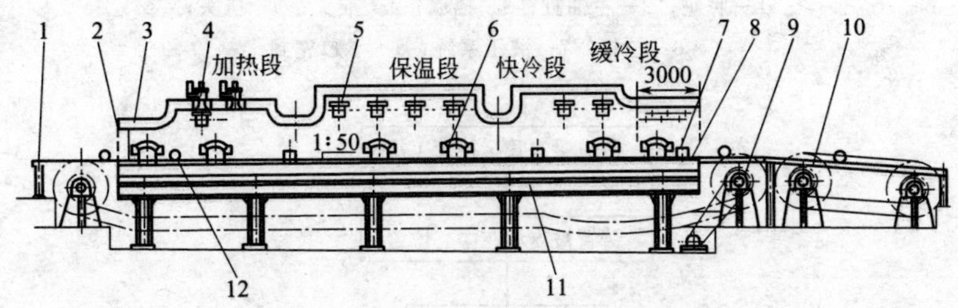

图 5-22 水冷离心铸管连续退火炉断面图

1—入炉轨道；2—炉门帘；3—退火炉砌体；4—平焰烧嘴；5—亚高速烧嘴；6—观察孔；7—冷风管；8—轨道；9—传动设备机组；10—冷却链；11—炉底平台；12—铸管

(9) 后处理工序很多 见图 5-15，包括喷锌、水压试验、涂水泥衬等工序，这里仅讲述其中主要工序。

喷锌的目的是防腐。退火炉出来的铸管，温度降低到 200℃左右时，可上整理线喷锌机进行喷锌处理，锌涂层应覆盖整个铸管外壁。

为保证球墨铸铁管的质量和力学性能，ISO 2531—1998 和 GB/T 13295—2003 规定球墨铸铁管必须逐根按规定的压力进行水压试验。图 5-23 为双工位水压机，由底座 1、挡墙 3、主液压缸 2、推头 4、压头 5、拉杆 6、注水试压装置、电液控制装置等组成。完成水压试验的工作程序见图 5-24。

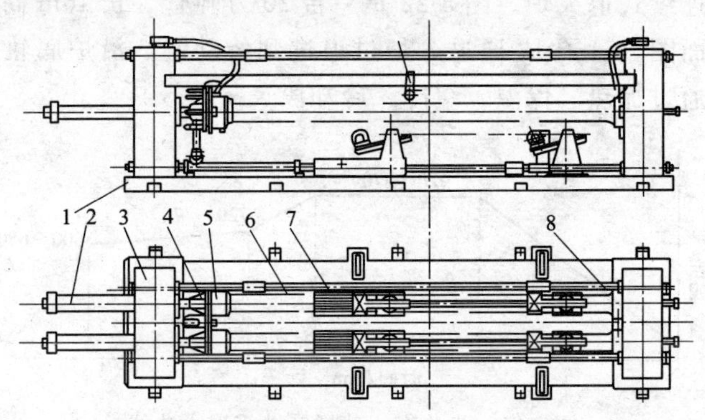

图 5-23 双工位水压机

1—底座；2—主油缸；3—挡墙；4—推头；5—压头；6—拉杆；7—液压系统；8—承口密封

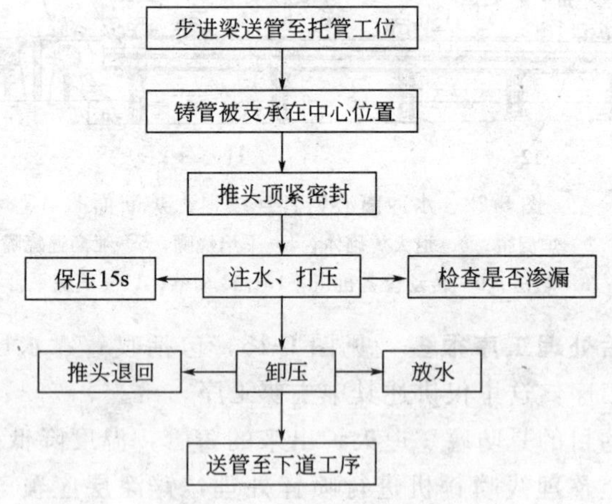

图 5-24 水压试验的工作程序

涂水泥衬的目的是防止铁锈及其他有害物质对自来水的污染，同时防止铸铁管腐蚀。铸管内衬水泥的方法有手工涂衬、喷衬及离心三种方法，常用的方法为离心法。离心法涂敷的水泥内衬表面光滑、均匀平整，与管壁结合强度好，不易脱落，生产机械化程度高。图 5-25 为水泥涂衬机结构，本身是一个离心机，并有水泥搅拌机和砂浆输送装置。水泥浆采用硅砂（$w_{含泥量} \leqslant 2\%$），425# 或 525# 硅酸盐水泥，加一定量水配成。

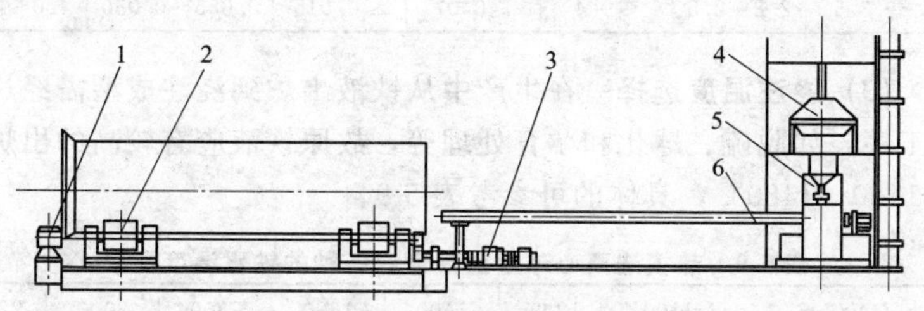

图 5-25 大管径水泥涂衬机结构

1—挡轮；2—托轮；3—驱动电机；4—水泥搅拌机；
5—布料小车；6—砂浆输送装置

为提高铁管埋在地下的防腐能力，球墨铸铁管外表面防喷锌外，还要涂一层低污染的沥青漆。涂法是先将管子预热到 800℃左右，再用喷沥青机进行沥青的喷涂。

5.5.3 热模法离心球墨铸铁管工艺

(1) 工艺特点 热模法是将金属铸型（管模）加热至 180～280℃，在铸型旋转的情况下，对其内壁涂一层涂料或树脂覆膜砂，并让涂层干燥、硬化后浇入金属液成型。由于铸型上有一层涂料或树脂覆膜砂，大大降低了金属液的冷却速度，从而可得到铸态球墨铸铁管，不需高温退火，只需 720～760℃低温退火。从而铸管退火设备简化、能耗减少、金属铸型（管模）寿命提高，降低了铸管生产成本。但生产率比水冷金属型法低，铸管内外表面质量也稍差。对比热模法离心球墨铸铁管工艺与水冷金属型离心球墨铸铁管工艺，主要工序是相同的，见图 5-15。这里仅讲述几个主要不同点。

(2) 铸管化学成分选择 热模法由于铸型内壁有一层涂料，使铸管的冷却速度变慢，为防止离心铸造过程中产生石墨漂浮，宜选择较低碳当量（亚共晶成分）的铁液，其化学成分要求见表 5-8。对球化干扰元素要求同水冷金属型离心球墨铸铁管。

表 5-8 对原铁水和铸管的化学成分要求（质量分数） 单位：%

C	Si	Mn	P	S	$Mg_{残}$	CE
3.2～3.5	2.2～2.5	≤0.4	≤0.07	≤0.015	0.055～0.080	4.0～4.3

(3) 浇注温度选择 在生产中从铁液出炉到浇注成型需经过多道工序，如脱硫、球化和孕育处理等，故原铁液应有较高的出炉温度 1430～1480℃，具体的可参考表 5-9。

表 5-9 热模法离心球墨铸铁管对各种的铁水温度要求

DN/mm	1100	1200	1400	1600	1800	2000	2200
铁液碳当量 *CE*/%	4.05～4.30	4.05～4.30	4.05～4.30	4.05～4.30	4.00～4.25	4.00～4.25	4.00～4.25
出铁球化温度/℃	1470～1450	1470～1450	1460～1440	1460～1440	1450～1430	1450～1430	1440～1420
浇注铁水温度/℃	1340～1310	1340～1310	1330～1300	1330～1300	1320～1290	1320～1290	1310～1280

铁水的球化孕育处理见本章 5.5.2(4)。

(4) 涂料及涂敷 热模法用涂料应有足够的绝热能力防止金属液激冷和降低金属铸型温度以延长铸型寿命，同时应发气性小，对铸型有良好的粘着力等。涂料由耐火材料、黏结剂、载体（溶剂）、悬浮剂和附加物等组成。为使涂料有很好的绝热能力，国内外多采用硅藻土（熟料）作耐火材料，用钠膨润土作黏结剂，水为载体。表 5-10 是一种硅藻土涂料的配方和性能。

表 5-10 硅藻土涂料

配方/kg			涂层厚度/mm	涂料流杯黏度/s
硅藻土(熟料)	膨润土	水		
9～12	1	18～22	1～1.5	11～12

有的工厂采用硅石粉（石英粉）作耐火材料的涂料，效果较差。因为硅石粉与硅藻土的绝热性相差很远。虽然两种耐火材料的主要化学成分都为 SiO_2，但结构不同。硅石粉是致密的料，硅藻土是一种单细胞水生藻类植物的化石骨骼遗骸组成，结构上有很多孔洞，有圆盘状和长条状的，见图 5-26，因而有很好的绝热性能。

图 5-26 典型硅藻土电镜照片

涂料的配制可按图 5-27 进行，耐火材料（基料）要经过研磨细化，有利于均匀分散，在喷涂时不阻塞喷嘴。

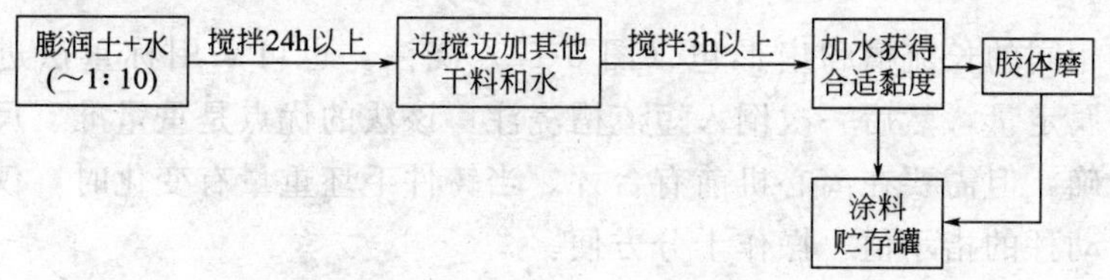

图 5-27 涂料配制流程

生产中普遍使用喷涂法上涂料。图 5-28 是一种涂料喷枪结构。喷杆 12 被两组轮子夹住，可前后运动，进入到金属铸型中进行往复喷涂。喷涂时常采用有气喷涂，即在涂料贮存罐中以较小的压力将涂料输送到喷嘴处，在喷嘴处再与 0.4MPa 的压缩空气混合喷出。一次喷涂量不应太多，否则涂层厚而不均匀，也不易干透。应采用往复多次喷涂来达到规定的涂层厚度。另外，为使涂层均匀、无明显纹路，喷杆的走速应与金属铸型的转速配合好。

(5) 金属液的定量与浇注 金属液精确定量很重要，它决定着铸管的壁厚。热模法离心球墨铸铁管可采用与水冷金属型球墨铸铁

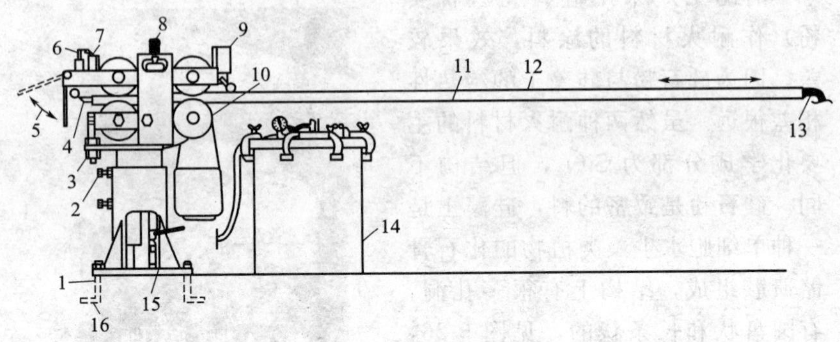

图 5-28 涂料喷枪结构图

1—地脚螺钉；2—垂直固定螺钉；3—倾角调整；4—喷嘴；5—罩板；6—控制阀；7—行程开关；8—夹紧弹簧；9—行程开关；10—调速机构；11—喷管；12—喷杆；13—软管（从控制阀来）；14—涂料罐；15—液力提升；16—软管（至控制阀）

管相同的长流槽和扇形包（图 5-17）浇注。也可采用称重法进行金属定量，然后一次倒入短流槽浇注。该法的优点是重量准、尺寸精确，但需要在离心机前有台秤。当铸件毛坯重量有变化时，仅需改动秤的指示值，操作十分方便。

(6) 转速选择 转速是离心铸造中重要的工艺参数，转速大小决定着铸造时金属液所受离心力大小，从而决定着铸管质量。可按式(5-7) 计算转速，或按图 5-18 选择转速。

(7) 铸管脱型及退火 铸管脱型靠拔管装置，同水冷离心铸管所用装置，见图 5-19、图 5-20。

热模法离心球墨铸铁管因冷却速度较慢，铸态组织中没有共晶渗碳体，伸长率为 3%～7%。为了提高伸长率，仍需进行低温（720～760℃）退火，使组织中大部分珠光体分解为铁素体，让铁素体的体积分数达到 90%以上，达到较高的伸长率。重量大的大管径铸管退火可采用间断或连续式立式退火炉，防止铸管产生椭圆变形，见图 5-29。或采用台车式退火炉。

(8) 后处理 同水冷金属型离心球墨铸铁管，见本章 5.5.2(9)。

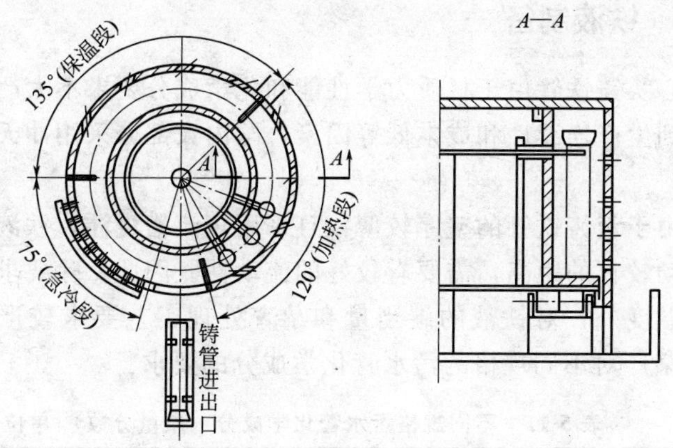

图 5-29 连续立式退火炉

5.6 离心铸造灰铸铁管工艺

5.6.1 工艺流程

离心铸造灰铸铁管主要用于建筑物的排水，又称排水管或污水管。它采用涂料热模法生产，其生产工艺流程如图 5-30。

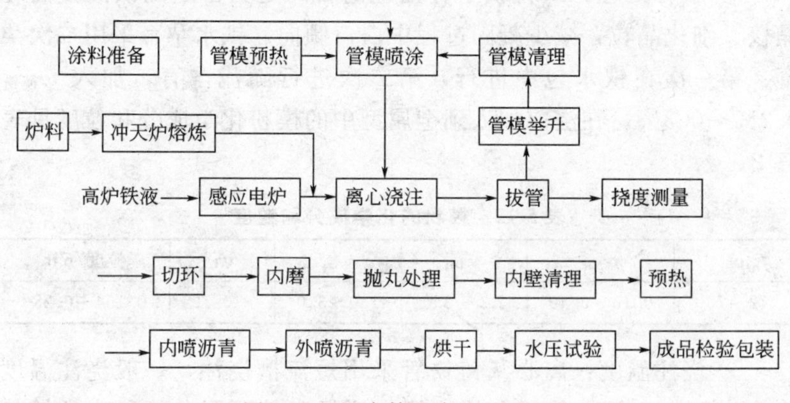

图 5-30 污水管生产工艺流程

5.6.2 铁液制备

离心灰铸铁管由于材质力学性能和化学成分要求不太严格，同时考虑到生产连续性和成本低等因素，国内大部分采用冲天炉制备铁液。

但由于灰铸铁管的壁厚较薄，且采用短流槽浇注，铁液在管模内要流动较长的距离，需要有较好的流动性。因此，除要求有较高的浇注温度外，对铁液的碳当量和孕育处理工艺要求较严格。表5-11是某厂对不同规格的污水管化学成分的要求。

表 5-11 不同规格污水管化学成分（质量分数） 单位：%

管径规格/mm	w_C	w_{Si}	w_{Mn}	w_P	w_S
50	3.4～3.6	2.0～2.4	0.2～0.5	≤0.20	≤0.15
70	3.4～3.6	2.0～2.4	0.2～0.5	≤0.20	≤0.15
100	3.4～3.6	2.0～2.4	0.2～0.5	≤0.20	≤0.15
125	3.4～3.6	2.0～2.4	0.2～0.5	≤0.20	≤0.15
150	3.4～3.6	2.0～2.4	0.2～0.5	≤0.20	≤0.15

5.6.3 主要工艺参数

① 孕育处理：灰铸铁孕育处理的目的是为了增加铁液凝固时晶核、细化晶粒，减少凝固过程中白口倾向。铁水孕育采用二次孕育：第一次在铁水包中进行，第二次进行随流孕育，加入$w_{模粉}$ 0.2%～0.3%。在浇前加入到金属型中的模粉化学成分和粒度见表5-12。

表 5-12 模粉的化学成分和粒度

w_{Si}	w_{Mn}	w_{Ba}	w_{Ca}	w_P	粒度/mm
72～75	0.16～0.40	1.0～2.0	1.0～3.0	≤0.10	0.154～0.280

② 浇注温度：离心灰铸铁管采用短流槽浇注，一般浇注温度为1360～1400℃，管径大的铸管浇注温度偏下限，管径小的铸管

浇注温度选择偏上限。

③ 涂料及涂敷同本章5.5.3(4)，涂层为0.2～0.4mm厚。

④ 金属液定量与浇注：一般采用称重法，操作方便，重量准，在离心机前放台秤称重。灰铁管铁液充型要迅速，浇注时间往往在3～5s之间。但太快的充型速度会发生铁液喷溅现象，使铁液氧化，造成铁豆等问题。

⑤ 转速选择同球墨铸铁管用转速，见本章5.5.2(6)。

⑥ 铸管冷却：为使铸管组织细化，提高铸管强度和生产率，浇注后对管模喷水强制冷却，以提高铸管冷却速度。应在铸管成型后喷淋，管模仍处于高速旋转的情况下，冷却水流量控制在40～60m^3/h，压力为20～35MPa。

⑦ 对热模法离心灰铸铁管，拔管温度选在400～600℃之间。拔管温度太高，易使铸管产生断管、裂纹和弯曲等铸造缺陷。拔管装置见图5-19。

5.7 离心铸造缸套工艺

5.7.1 概述

缸套是离心铸造的典型铸件。世界上约90%发动机缸套为离心铸造灰铸铁件。生产量最大的汽车、拖拉机缸套，毛坯内径一般在ϕ90～200mm，属小型缸套；而船舶和机床等用气缸套尺寸较大一些，有的内径可超过ϕ400mm。我国年产缸套约4000万只左右。对于小缸套多采用卧式悬臂离心铸造机生产，可单工位或多工位。生产中大型缸套则采用卧式滚筒式离心机。

缸套是发动机上的重要零件，它与活塞环组成一对摩擦副。工作条件很恶劣，使用中既受剧烈的机械摩擦和热应力作用，还受到气缸内部燃烧生成物和周围冷却介质的化学腐蚀。缸套的材质多为铸铁，除较高牌号的灰铸铁外，有镍、铬、钼等低合金铸铁，含磷较高的铸铁，含硼较高的铸铁等。表 5-13 为一些企业的大型气缸套化学成分和硬度。

表 5-13　一些企业的大型（柴油机）气缸套化学成分和硬度

公司名称	化学成分(质量分数)/%									硬度 HBW
	C	Si	Mn	P	S	B	Cu	Cr	Mo	
炉东造船厂	2.9～3.3	1.4～2.2	0.7～1.0	≤0.5	≤0.12	—	0.70～1.50	0.25～0.45	0.30～0.50	190～240
宁波渔轮修造厂	3.2～3.5	1.4～2.2	0.4～0.9	约 0.1	≤0.1	0.025～0.06	—	—	—	210～230
广州柴油机厂	2.9～3.2	1.7～2.0	0.7～1.0	0.25～0.30	0.08～0.10	—	0.60～0.90	0.25～0.30	0.30～0.50	228～255

5.7.2 离心铸造工艺

(1) 浇注温度　离心铸造缸套用铁液需经过孕育处理、再经小包定量，都会使温度下降，所以出炉温度要适当高些，小缸套用铁液的出炉温度应在 1400℃以上。

浇注温度由铸件材质和壁厚而定，在不影响件质量的情况下，浇注温度可适当低些，以有利于铸型提高使用寿命。小缸套铁液浇注温度可在 1300～1360℃，大缸套浇注温度可低些，为 1270～1340℃。

(2) 金属铸型温度　首件浇注上涂料前要将铸型预热到 150℃以上，上涂料后如温度降低较多应重新加热。正常生产时铸型温度控制在 200～350℃为宜。温度太低，会使铸件冷凝加快，铸件组织变硬。如温度太高，可能造成涂料表面不光、不实。

为提高生产效率、保护铸型、提高铸型使用寿命，浇注后可对铸型外壁进行水冷或空冷，水冷一般为 60～150s。

(3) 涂料及涂敷　离心缸套生产中一般都使用水基涂料来防止铸件激冷产生白口；减少金属液对铸型的热冲击，提高金属铸型寿命；使铸件表面光洁；好出型等。涂料多用硅石粉（石英粉）和鳞片石墨粉作耐火材料，用膨润土作黏结剂，表 5-14 为铸铁缸套用涂料配方，可供参考。

表 5-14 铸铁缸套用涂料配方

<table>
<tr><th>序号</th><th colspan="2">配方(质量分数)/%</th><th>备 注</th></tr>
<tr><td>1</td><td colspan="2">$w_{\text{硅石粉}}$ 68、$w_{\text{石墨粉}}$ 20、$w_{\text{膨润土}}$ 12、皂粉 0.5，外加 $w_{\text{水}}$ 50～60</td><td>涂 1.5～2mm</td></tr>
<tr><td>2</td><td colspan="2">$w_{\text{硅石粉}}$ 68、$w_{\text{白铅粉}}$ 20、$w_{\text{膨润土}}$ 12、皂粉 1，外加 $w_{\text{水}}$ 80</td><td></td></tr>
<tr><td rowspan="2">3</td><td>第一层</td><td>$w_{\text{硅石粉}}$ 66、$w_{\text{膨润土}}$ 16、$w_{\text{石墨粉}}$ 18，外加 $w_{\text{水}}$ 100</td><td rowspan="2">第一层涂料和金属铸型接触。第二层涂料与铁液接触，它高温强度较好。二层涂料总厚度 2～3mm</td></tr>
<tr><td>第二层</td><td>同第一层，再加 $w_{\text{食盐}}$ 0.64 和 $w_{\text{硼砂}}$ 0.64（先溶解好）</td></tr>
</table>

不少企业用勺子盛上涂料，从铸型中心孔向型内泼涂料，靠离心力使涂料分布均匀。但金属铸型有一定温度，高速旋转使涂料不易在轴向分布均匀。为此更多的企业使用图 5-31 的定量涂料管，它是用薄铁皮焊成，其长度稍短于金属铸型，容积相当于所需涂料体积。把涂料管罐满涂料后，水平地插入金属铸型中心孔，然后翻转 180°，将涂料沿轴线非常均匀地撒入铸型。每浇一件上一次涂料。小缸套 1～2mm 涂料层，大缸套涂层 2.5～4mm。

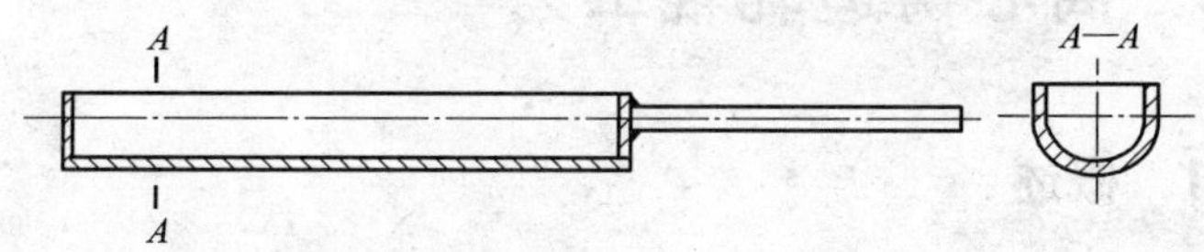

图 5-31 定量涂料管

在铸型的里端要垫加石棉片，以防止缸套端面产生白口。石棉片直径应比型腔大 1mm。大型缸套也可采用内衬砂型的铸型，砂衬用 CO_2 水玻璃砂或其他型砂，砂衬厚度为 7～30mm，也可用半永久砂型。

(4) 铁液定量 离心铸造中小缸套在连续生产中浇注频繁，多采用浇包定容积。一般一包浇注一个缸套。图 5-32 为定量浇包，液面台阶以下容积为缸套铸件的定量容积。这种浇包使用方便，定量准确，可随时更换

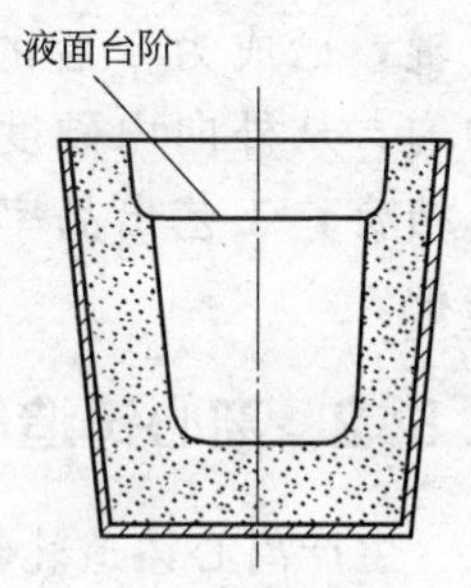

图 5-32 定量浇包

新包，重复性好。

(5) 铸型转速 一般按重力系数来计算，见式(5-7)，中小缸套 G 取 80～100、大缸套 G 取 50～80，内径越大，G 值应越小。

(6) 浇注 缸套件一般不太长，多从一端浇注。浇注速度应适当快些，以利于充型、顺序凝固和夹杂物内浮。表 5-15 是不同重量缸套的浇注速度。

表 5-15 不同重量铸铁缸套的浇注速度

缸套重量/kg	5～20	20～50	50～150	150～400	400～800
浇注速度/(kg/s)	1～2.5	2.5～5	5～10	10～20	20～40

(7) 出型温度 缸套浇注后要求在较高的温度下出型，以减缓铸件的冷却速度，这有利于防止组织变硬。一般应在 700～850℃间出型，然后在保温坑内缓冷。

5.8 离心铸造轧辊工艺

5.8.1 概述

冶金、食品加工、橡胶加工、造纸工业及塑料加工等行业都要使用轧辊。制造轧辊的方法有锻造和铸造两种，其中铸造轧辊占总产量的 85％以上。用离心铸造方法生产的双金属复合轧辊，已成为今后的发展方向，离心铸造轧辊具有组织密度、均匀，从外向内硬度降落不超过 5HS，力学性能好，内外层冶金结合，工艺出品率高等特点。表 5-16 是复合铸造轧辊的主要品种。

5.8.2 离心铸造轧辊的工艺

生产离心铸造轧辊的离心机从离心旋转轴线看分：卧式、立式和倾斜式三种，它们的优缺点比较见表 5-17。

表 5-16 复合铸造轧辊的主要品种

品种	材质成分(质量分数)/%							主要生产工艺方法
		C	Si	Mn	Cr	Ni	Mo	
高镍铬无限冷硬铸铁复合轧辊	外 层	2.8～3.8	0.2～0.8	0.2～1.2	1.0～2.0	3.2～4.8	0.2～0.8	冷型喷涂料 离心或全冲洗复合铸造 特殊热处理 超声检查
	球铁芯	2.0～3.2	2.0～2.8	0.4～0.8	0.2～0.6	1.0～1.5	≤0.2	
	灰铁芯	2.8～3.2	1.4～2.0	0.4～0.8	0.2～0.6	0.6～1.6	≤0.2	
高铬铸铁复合轧辊	外 层	2.3～3.3	0.3～1.0	0.5～1.2	17～22	1.0～1.7	1.5～2.0	冷型喷涂料 离心复合铸造 特殊热处理 超声检查
	球铁芯	2.7～3.1	1.8～2.6	0.2～0.7	0.2～0.6	0.5～1.5	≤0.3	
高铬钢复合轧辊	外 层	0.6～1.6	0.4～1.0	0.2～1.0	6.0～15.0	0.5～1.5	1.0～3.0	冷型喷涂料 立式离心复合铸造 多次特殊热处理 超声检查
	球铁芯	3.0～3.3	2.0～2.4	0.4～0.7	0.2～0.5	0.8～1.2	≤0.2	
高速钢复合轧辊	外 层	0.6～2.5	V:2～10	W:3～10	4.0～8.0	0.3～1.5	2.0～10.0	离心复合铸造 CPC 法复合铸造 差温热处理 超声检查
	球铁芯	2.6～3.6	1.6～2.6	0.2～0.8	0.2～0.6	0.8～1.8	≤0.2	
	钢 芯	0.4～0.6	0.2～0.6	0.2～0.8	0.5～1.5	0.5～1.0	0.2～0.8	
复合铸钢支承辊	外 层	0.4～1.0	0.3～0.8	0.4～2.4	1.5～4.5	0.6～1.2	0.2～1.0	静态或离心复合铸造 差温热处理 超声检查
	芯部	0.2～0.4	0.3～0.6	0.4～0.8	0.2～0.6	0.2～0.4	≤0.1	

表 5-17 三种离心铸造轧辊工艺优缺点比较

序号	工艺名称	图 示	优缺点
1	卧式离心铸造轧辊	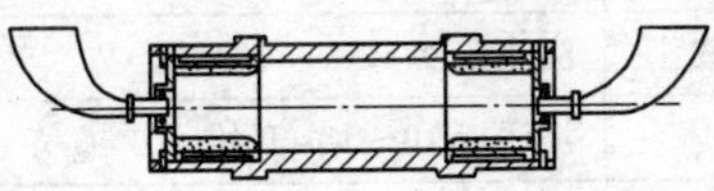	① 生产实心轧辊工艺复杂,适于生产空心轧辊、辊套 ② 外层厚度均匀 ③ 机器结构简单 ④ 可生产长度较大轧辊

续表

序号	工艺名称	图示	优缺点
2	立式离心铸造轧辊		① 生产工艺简单，有利于操作，适于生产实心轧辊 ② 外层厚度不均匀 ③ 机器结构复杂(见图5-10)
3	倾斜式离心铸造轧辊	20°～25°	① 生产实心轧辊工艺稍复杂 ② 外层复杂不够均匀 ③ 机器结构稍复杂 ④ 轧辊长度适中

(1) 卧式离心铸造轧辊工艺 如表5-17中1图示，形成辊身的金属铸型表面有一薄层砂衬，辊径由砂型形成。外径为ϕ250～300mm的双金属复合空心铸铁轧辊。外层为镍铬合金铸铁，厚20～25mm，其离心铸造工艺见表5-18所示。图5-33是外径ϕ500mm，内径ϕ180mm，长度4000mm，质量4200kg的空心复合轧辊卧式离心浇注工艺曲线。开始较低(50～70r/min)的铸型转速下逐渐升高到420～550r/min，浇外层铁液约95s。等外层铁液内表面温度降到一定时，开始在高速(850～900r/min)下浇注内层铁液。

表5-18 外径为250～300mm双金属复合空心铸铁轧辊卧式离心浇注工艺

工作顺序	工序名称	工艺参数
1	浇注外层铁液	浇注温度1327～1370℃，铸型转速580r/min
2	铁液凝固	凝固时间5～7min
3	浇注内层铁液	浇注温度1280～1310℃
4	水冷铸型	浇注后10～15s开始
5	铸型停转	铸件内表面温度700℃
6	缓冷	18～25h

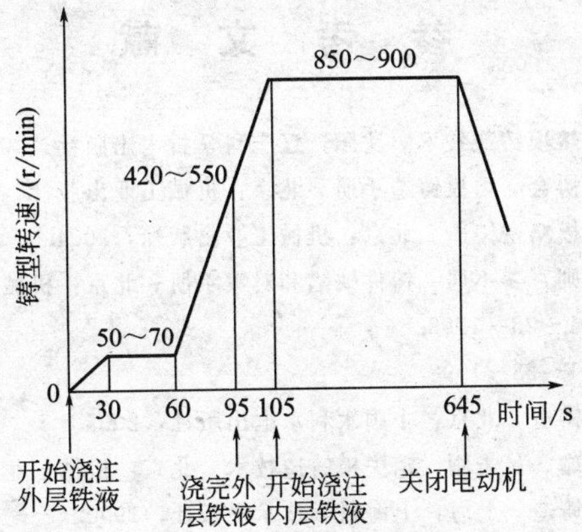

图 5-33 外径 ϕ500mm，长 4000mm 空心复合轧辊卧式离心浇注工艺曲线

(2) 立式离心铸造轧辊工艺 一种辊直径 200～400mm、辊身高 400～600mm 的小轧辊，外层低合金铸铁厚 30～60mm 硬度要求≥63HS 芯部为低合金灰口铸铁，采用立式离心浇注，见表5-17 中 2 图示。其离心浇注主要工艺参数见表 5-19。

表 5-19 立式离心浇注轧辊工艺参数

铸型温度 /℃	外层浇注温度 /℃	铸型转速 /(r/min)	芯部浇注温度 /℃	浇注心部时外层温度 /℃
120～160	1250～1350	700～800	1250～1300	1140～1170

(3) 倾斜式离心铸造轧辊工艺 表 5-17 中 3 图示倾斜式离心铸造机倾斜角度为 20°～25°。铸铁轧辊在浇注内层铁液时，为防止外层铁液熔入内层之中，可采用多次间断浇注，每浇一次，把铸型转速降低一些，而后把铸型竖立起来，浇铁液把空心填满。

参 考 文 献

[1] 姜不居．实用熔模铸造技术．沈阳：辽宁科学技术出版社，2008.
[2] 中国熔模铸造协会．熔模铸造手册．北京：机械工业出版社，2000.
[3] 姜不居等．熔模精密铸造．北京：机械工业出版社，2004.
[4] 陈国桢，肖柯则，姜不居．铸件缺陷和对策手册．北京：机械工业出版社，1996.
[5] CICBA/B01.01～25—1998.
[6] CICBA/B02.01～23—1998.
[7] 姜不居．特种铸造．北京：中国水利水电出版社，2005.
[8] 黄天佑、黄乃瑜、吕志刚．消失模铸造技术．北京：机械工业出版社，2004.
[9] 梁光泽．实型铸造．上海：上海科学技术出版社，1990.
[10] 中国铸造协会实型铸造专业委员会．消失模铸造技术培训资料．第4版．北京：清华大学，2007.
[11] 中国材料工程大典编委会．中国材料工程大典：第19卷：材料铸造成形工程（下）．北京：化学工业出版社，2006.
[12] 耿鑫明．压铸生产指南．北京：化学工业出版社，2009.
[13] 张伯明．离心铸造．北京：机械工业出版社，2004.
[14] 林柏年．特种铸造．第2版．杭州：浙江大学出版社，2004.

铸造专业图书推荐

书号	书　　名	定价/元
	铸造工人学技术必读丛书——铸钢及其熔炼技术	25
	铸造工人学技术必读丛书——造型材料及砂处理	25
	铸造工人学技术必读丛书——特种铸造	25
06581	国外铸造艺术品鉴赏	58
06881	实用艺术铸造技术	58
05584	新编铸造标准实用手册	128
06125	压铸工艺及模具设计	30
04775	差压铸造生产技术	36
04149	等温淬火球墨铸铁(ADI)的生产及应用实例	28
04398	金属凝固过程数值模拟及应用	35
03758	铸造金属材料中外牌号速查手册	38
02347	金属型铸件生产指南	48
00129	压铸件生产指南	22
02012	铸钢件生产指南	32
01728	铸铁件生产指南	30
01765	有色金属铸件生产指南	29
00913	砂型铸造生产技术500问(上册)	38
00972	砂型铸造生产技术500问(下册)	39
00737	熔模精密铸造技术问答	35
02262	铸铁感应电炉熔炼及应用实例	25
01018	铸铁及其熔炼技术问答	25
01206	呋喃树脂砂铸造生产及应用实例	20
03436	V法铸造生产及应用实例	25
00320	消失模铸造生产及应用实例	19
02417	铸造振动机械设计与应用	20
9853	液态模锻与挤压铸造技术	62
9856	铸铁	38
9337	铸钢	38
9720	铸造铝.镁合金	39
9907	铸造钛.轴承合金	29
9192	铸造锌.铜合金	32